青贮专用玉米
高产栽培与青贮技术

主 编
王加启

编著者
王林枫　彭长江　王加启
吕中旺　杨晓为　范文仲

金盾出版社

内 容 提 要

　　本书由中国农业科学院畜牧研究所的专家为配合实施农业部青贮玉米技术推广项目和奶牛养殖科技入户示范工程编著。内容包括：青贮专用玉米概述、主要品种、栽培技术，青贮方式与青贮窖的建造，青贮专用玉米的收割与青贮制作，青贮玉米的品质评定与饲喂。本书内容新颖实用，语言通俗易懂，可供家庭养奶牛者、养肉牛者和养羊者阅读。

图书在版编目(CIP)数据

　　青贮专用玉米高产栽培与青贮技术/王加启主编；王林枫等编著. —北京：金盾出版社，2005.12
　　ISBN 978-7-5082-3848-7

　　Ⅰ．青… Ⅱ．①王…②王… Ⅲ．①青贮作物：玉米-栽培②青贮作物：玉米-青贮 Ⅳ．S513

　　中国版本图书馆 CIP 数据核字(2005)第 117762 号

金盾出版社出版、总发行
北京太平路 5 号(地铁万寿路站往南)
邮政编码：100036　电话：68214039　83219215
传真：68276683　网址：www.jdcbs.cn
封面印刷：北京精美彩印有限公司
正文印刷：北京外文印刷厂
装订：东杨庄装订厂
各地新华书店经销
开本：787×1092 1/32　印张：3.625　字数：80 千字
2009 年 2 月第 1 版第 3 次印刷
印数：18001—28000 册　定价：6.00 元

目　　录

第一章　青贮专用玉米概述

一、国内外青贮玉米生产概况

玉米称作饲料之王,不仅在于它的籽粒可作为饲料,而且茎叶也是草食动物的好饲草。青贮玉米是用于制作青贮饲料的专用品种,其特点是植株高大,茎叶繁茂,营养成分含量较高,是世界公认的优质饲草,每公顷产量多在 5 万～6 万千克。在欧、美许多国家中,玉米青贮饲料早已成为肉牛育肥的强化饲料,青饲青贮玉米面积占很大比例。美国 1978 年至 1980 年,每年种植青饲玉米面积达 334 万公顷,较 20 世纪 60 年代增长了 70%,现在播种面积已达 355 万公顷,年产青饲料 1.1 亿多吨,占玉米种植面积的 12% 以上。俄罗斯青贮饲料中有 80% 是由玉米加工而成,在粗饲料和多汁饲料的日粮组成中,玉米青贮饲料占 40% 的饲料单位。青贮玉米不仅在冬季气候较寒冷的国家广泛应用,而且在气候温暖的西欧和北欧等一些国家也受到欢迎。意大利青贮玉米的面积已发展到 50 万公顷,年制作青贮饲料 1 500 万吨,占各种饲料总量的 18%。荷兰用于种植青贮玉米的土地已达到 17.7 万公顷,占各类饲料种植总量的 30% 以上。法国青饲玉米从 1960 年至 1981 年增加了 4.5 倍,达 120 万公顷,青饲玉米占全国玉米面积的 42.9%。目前青饲玉米种植面积已超过 144 万公顷,占玉米播种面积的 80% 以上。在全国 28.6 万个农场中,有 36% 的农场制作玉米青贮饲料。匈牙利全国每年制作青贮饲料 700 万吨,其中 85% 以上是玉米青贮饲料。比利时、英国等国青饲料玉米发展也很快。

日本奶牛和肉牛饲养业过去是以青饲料为主,近年来逐渐改变为常年利用青贮饲料。分析原因,首先是青贮玉米产量高,提高了土地利用率;其次是全年饲料和养分稳定平衡供给,有利于家畜产品的增产。青贮玉米生产加工机械化程度高,集中调制,常年喂用,大大降低了饲料成本,提高了养牛业的经济效益。

1954 年我国利用玉米籽粒收获后的秸秆进行青(黄)贮,在全国"三北"地区大面积推广,为我国草食家畜的发展起到了重要的推动作用。青贮玉米多年来一直在国营种畜场、奶牛场和养羊场里种植,已成为冬、春家畜不可缺少的重要饲料。近年来,随着我国粮食生产形势的好转,许多牛、羊饲养专业户也纷纷种植玉米,制作全株玉米青贮饲料,目前青贮玉米已在我国的饲料行业中占据重要地位。2004~2005 年度,我国玉米种植面积占世界玉米种植面积的 17%,已跃入玉米种植大国的行列(图 1-1)。

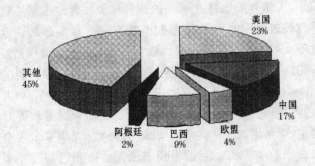

图 1-1　2004~2005 年度世界玉米种植面积分布

二、青贮玉米生产的必要性

近年来,我国的养牛业发展迅速,尤其是奶牛的数量急剧增加。据统计,2002 年我国的奶牛存栏数是 687 万头,2003年增加到 893 万头,加之肉牛和羊的存栏量也在增加,每年我国的粗饲料需要量在 5 亿吨以上。如果以每头牛每天采食10 千克干物质计算,每年的采食量就是 3 650 千克。全国草食家畜数量的迅猛增加给饲草生产提出了新的要求。传统的以饲喂天然牧草和农作物秸秆为主的做法,远远不能适应当前大规模现代化养殖需要。因此,需要种植高产的饲用作物。青贮专用玉米以其生长周期短、产量高、成本低、营养价值高、适口性好、耐贮藏等特点被称为"饲料之王",当之无愧地成为奶牛最主要的饲料资源,其子实和秸秆都是养殖业的饲料资源。以每 667 平方米(1 亩)生产青贮玉米 6 000 千克的产量计算,每 1 334 平方米青贮专用玉米生长量即可满足 1 头奶牛的需要。因此,大力发展青贮饲用玉米,对于促进我国畜牧业发展,调整优化种植业结构,提高农业综合效益,增加农民收入,具有重要意义。

三、青贮玉米的优点

青贮玉米的专用品种,植株高大,茎叶繁茂,营养成分含量较高,每公顷产量多在 9 万～15 万千克。

青贮专用玉米的品质好,成熟时茎叶仍然青绿,且汁液丰富,营养价值高,适于喂奶牛、羊、马等家畜,适口性好。蜡熟期的青饲玉米与其他青饲料作物相比,无论是鲜喂还是青贮,都是牛、羊的优质饲料。根据研究,青贮玉米1公顷可产6 750个饲料单位,而马铃薯、甜菜、苜蓿、三叶草、饲用大麦等作物的饲料单位远不及青贮玉米。1公顷青饲料玉米比燕麦籽粒的饲料单位多1倍,可消化蛋白质比燕麦多1倍,胡萝卜素是燕麦的60倍。

试验证明,同一品种的奶牛,喂青贮玉米的比不喂青贮玉米的平均每头每胎增加产奶量0.83吨,高的达1.15吨,可增收1 400元。同时,饲喂青贮玉米还可以增强奶牛的免疫力,提高乳脂率,延长奶牛的泌乳期。

四、我国青贮玉米的生产现状

由于青贮玉米的诸多优点,在养殖业中显出了其重大价值,实现了"过腹增值",延长了产业链条,将种植业与养殖业有机结合起来,增加了农民的收入,我国许多地方通过种植青贮玉米带动了整个产业链的发展。在青贮玉米发展比较成熟的内蒙古呼和浩特市哈拉沁行政村,村民有多年种植青贮玉米和制作青贮饲料的习惯。随着村民种植观念的转变,青贮玉米和粮饲兼用玉米的面积逐年增加,满足了奶牛业不断增长对饲料的需求。全村现有青贮窖685个,青贮量1 000万千克,使全村近2 000头奶牛每头每年拥有5 000千克青贮饲料,有力地推动了该村奶牛业向优质化、规模化发展。据初步统计,2004年全国青贮玉米种植面积已达147万公顷,青贮玉米的比较优势已逐步显现出来。2005年,农业部把推广普及青贮玉米技术作为15个重点推广项目之一,种植面积还将不断扩大。

第二章　青贮专用玉米主要品种

青贮玉米产量的高低跟品种有很大关系,同时也跟气候、土壤、水利条件有关。青贮玉米可分为青贮专用玉米和粮饲兼用玉米,下面介绍几种青贮玉米的特点,便于种植者根据实际情况选用。

一、墨西哥玉米

墨西哥玉米为禾本科玉米属一年生草本植物(图 2-1)。具有分蘖性、再生性和高产优质的特点,是草食畜、禽、鱼的极佳青饲料。

图 2-1　墨西哥玉米

(一)品种特征　墨西哥玉米须根强大,茎秆直立、光滑,地面茎节上轮生几层气生根,株高 250～310 厘米。叶片长 60～130 厘米,宽 7～15 厘米,柔软下披。雌雄同株异花,雄花为圆锥花序,分主枝与侧枝;雌花为内穗花序,外有苞叶,果穗中心有穗轴。颖果,呈扁平或近圆形,颜色为黄、红、白、花斑,千粒重 300～400 克。

(二)栽培要点　墨西哥玉米播前耕翻整地,每 667 平方米施农家肥 3 000 千克,或施复合肥 7.5～10 千克。播前用 20℃水浸种 24 小时。春播时,在 6～7 厘米地温稳定超过 15℃时为最佳播种期,播种量为每 667 平方米 5～6 千克;夏季条播,行距 40～50 厘米,播深 4～6 厘米,每 667 平方米播种量 4～5 千克。墨西哥玉米全生育期每 667 平方米需施氮肥 10～20 千克。根据土壤肥力、气候条件不同,灌水 3～4 次。苗高 40 厘米可第一次刈割,留茬 5 厘米,以后每隔 15 天刈割 1 次,每次留茬比原留茬高 1～1.5 厘米,注意不能割掉生长点,以利再生。

墨西哥玉米是喜温、短日照作物,适宜温暖半干旱气候,整个生育期要求较高的湿度。墨西哥玉米需水、需肥量大,不抗严寒和干热,在温度为 15℃～27℃时,生长最快,在排水良好的肥沃土地和有灌水条件下生长良好。墨西哥玉米柔嫩多汁,籽粒和茎叶营养丰富,适口性好,是各种家畜的优质饲料,适宜青饲、调制干草或青贮。不同的品种生产能力差异较大,一般每 667 平方米地上生物量可达 6 000～10 000 千克。其粗蛋白质含量为 13.68%,粗纤维含量 22.73%。赖氨酸含量为 0.42%,达到高赖氨酸玉米粒含赖氨酸水平,因而它的消化率较高。投给 22 千克鲜墨西哥玉米,即可养成 1 千克鲜鱼;用其喂奶牛,日均产奶量也比喂普通青饲玉米提高 4.5%。

二、墨白1号青贮青饲专用玉米

墨白1号青贮青饲专用玉米(图2-2)由中国农业科学院作物研究所于1977年从墨西哥国际玉米小麦改良中心引进,是一个适于亚热带种植的玉米综合种,可以连年种植,适宜在

图2-2　墨白1号青贮青饲专用玉米

广西、云南、贵州等地种植。该品种分蘖性、再生性强,每丛分蘖15～35个,茎秆粗壮,枝叶繁茂,质地松脆,适口性好,抗病虫害,高产优质,是草食性畜、禽、鱼的极佳饲料。墨白1号玉米属一年生草本植物,种植密度为6 000～7 000株/667米²,丛生、茎粗、直立,株高280厘米,穗位高120厘米,果穗长大,籽粒白色。喜温喜湿,耐热不耐寒,在18℃～35℃时生长迅速,生长期200～230天,遇霜逐渐凋萎;在长江及黄淮海地区,由于日照变长,使该品种晚熟,植株变得高大,再生力强,1年可刈割4～6次,每667平方米产茎叶产量1万～2万千

克,适于做青饲、青贮玉米。在北方春玉米地区种植,则难以正常抽雄开花,乳熟期每 667 平方米地上部鲜重可达 6 000 千克。

三、京多 1 号青贮青饲专用玉米

京多 1 号青贮青饲专用玉米(图 2-3)由中国科学院遗传所育成。属青饲专用晚熟品种,多秆多穗类型。北京地区春播生育期 130 天左右,用作青饲从种植到收割需 100 天左右。株高 300 厘米,穗位高 150 厘米,一般单株分蘖 2~3 个,每个茎秆结果穗 2~3 个,穗小粒小,籽粒黄色。根系发达,抗旱、抗倒伏性强。适宜在北京、内蒙古、东北地区、黄土高原及西藏春播种植,在河北、山东、河南的夏播区也可种植。

图 2-3 京多 1 号青饲青贮专用玉米

四、科青 1 号青贮专用玉米

科青 1 号青贮专用玉米(图 2-4)是中国科学院遗传研究所青饲玉米细胞工程实验室利用生物技术选育而成。

(一)品种特性

在北京地区春播若 4 月 25 日播种,5 月 7 日出苗,7 月 15 日抽雄,7 月 23 日吐丝,8 月 25 日左右达到乳熟。用作青饲或青贮需 120 天达到最佳收割期。主茎有 24 片叶,叶宽 13～14 厘米,叶子鲜重占全株鲜重的 19%。株高 300～350 厘米,

图 2-4 科青 1 号青贮专用玉米

单秆茎秆粗壮,秆粗 3.7 厘米。大果穗黄白粒,果穗鲜重占全株鲜重的 34%。持绿性强,抗倒伏及大小叶斑病。经测定,粗蛋白质含量超过 11%,适口性好,青贮质量高。

(二)产量性状

2001 年北京市种子管理站在 4 个区县对科青 1 号青贮专用玉米进行生物产量测定。其结果:怀柔庙城平均每 667 平方米产量为 4 762 千克;密云平均每 667 平方米产量为 5 084 千克;延庆平均每 667 平方米产量为 5 704 千克;房山平均每 667 平方米产量为 5 136 千克。

五、科多4号青贮专用玉米

科多4号青贮专用玉米(图 2-5)由中国科学院遗传研究所育成,1989 年通过天津市审定。属青饲青贮玉米专用晚熟品种,多秆多穗类型。北京地区春播生育期 130 天。株高300 厘米,穗小粒小,籽粒紫色。植株生长健壮,根系发达,抗倒伏性强。适宜在北京、天津、内蒙古、山西等地种植。

图 2-5 科多4号青贮专用玉米

属晚熟品种,在中等肥力条件下每 667 平方米青饲产量可达 5 000 千克以上,高产地块能达到 6 400 千克。植株高大,一般株高 350 厘米,在宁夏银川株高超过 400 厘米。每个茎上有 2~3 个小果穗。增产幅度达 40% 以上。品质分析(自然干物质中)结果:水分 7.8%,粗蛋白质 7.46%,粗脂肪0.82%,无氮浸出物 42.2%,灰分 8.65%,粗纤维 33.07%,钙0.26%,磷 0.21%。奶牛喂养试验表明,具有适口性好、转化率高等特点。

六、科多8号青贮专用玉米

科多8号青贮专用玉米(图2-6)由中国科学院遗传研究所育成。该品种是通过细胞工程技术选育出的自交系并组配成的新杂交组合。1993年试种200公顷,1994年大面积试种1 000公顷,1995年试种467公顷,1996年试种1 333公顷,累计试种3 000公顷,产量超过5 000千克/667米²。在宁夏银川和新疆克拉玛依的产量超过7 000千克/667米²,在上海、天津和山东等地产量超过7 500千克/667米²。具有很好的丰产性和抗性。株高350厘米,平均分蘖2～3个,比科多4号青贮专用玉米早熟10天,属中晚熟品种。

在上海,从播种到刈割100天,比科多4号早熟10天,主茎有23片叶,株高260厘米。具有多穗分枝性,茎叶繁茂,平均每株有2～3个有效茎,每个茎秆上结有3～4个果穗,果穗长12厘米,穗粗约4厘米,根系发达,抗倒性好,持绿性好。一般产量6 000千克/667米²。在多年改良

图2-6　科多8号青贮专用玉米

的肥沃土壤上,青饲产量最高达 9 650 千克/667 米²,平均也在 9 000 千克/667 米² 左右。在改良的纯沙地产量也能达到 6 000 千克/667 米²。具有很好的丰产性和抗逆性,对土壤条件要求不高,各种耕地都能种植。

七、饲宝 1 号青贮专用玉米

饲宝 1 号青贮专用玉米(图 2-7)是北京宝丰种子有限公司培育的青饲玉米系列品种之一。夏播从种植到收割适期为 92 天,且吐丝期比对照科多系列早 7~8 天,生物产量高,分别比对照科多系列增产 47.4% 和 50%。主茎有 23 片叶,叶片宽厚,叶宽 14 厘米,叶子鲜重占全株鲜重的 20%。茎秆粗壮、多汁,茎粗 3.7 厘米,株高约 350 厘米,穗位高约 150 厘米。单株总重 1 190 克。果秆比大,鲜果穗重 380 克左右,约占全株鲜重的 35%。出苗整齐,苗期长势旺,持绿性能好,抗早衰,高抗倒伏及大

图 2-7 饲宝 1 号青贮专用玉米

叶斑病、小叶斑病和青枯病。经测定:粗蛋白质含量超过 10%,绿色体产量高,适口性好,家畜喜吃,采食量高,青贮质量高。

八、饲宝 2 号青贮专用玉米

饲宝 2 号青贮专用玉米（图 2-8）是北京宝丰种子有限公司培育的青饲新品种。在辽宁地区春播制作青贮,生长期需要 110~125 天。要适时早播。株高约 380 厘米,秆粗 3.9 厘米,主茎有 25 片叶,果穗黄粒。一般产量 7 000 千克/667 米², 高产地块可达 10 000 千克/667 米²。春播一般在地温达到 10℃ 左右时应立即播种。持绿性强,具有很强的抗旱性能,其耐瘠薄、耐涝的特性很突出,既可在西北干旱区广泛种植,也可在夏季高温多雨的

图 2-8　饲宝 2 号青贮专用玉米

南方各地种植。夏播一般在 7 月上中旬。中等肥力田块,每 667 平方米种植 3 600~4 000 株。

九、青饲 1 号青贮专用玉米

青饲 1 号青贮专用玉米（图 2-9）是北京宝丰种子有限公司培育的青饲新品种。在我国南方种植株高 260~280 厘米,

在北方株高达 400 厘米,穗位高 120 厘米,茎粗 3.5 厘米左右,出苗至收青70~75 天,属早熟品种,适宜南方抢茬播种。株型结构合理,叶片宽厚,持绿性好。籽粒大而充实。经测定:茎叶含粗蛋白质 2.29%,粗纤维 6.6%,粗脂肪 0.59%,粗灰分 1.77%。茎秆粗壮,根系发达,抗倒伏性强。采收特点:长到 12 片叶时,即可收获青贮。一般单株总重 1 000~

图 2-9 青饲 1 号青贮专用玉米

1 333克(干重 260 克左右),每 667 平方米产鲜玉米 4 500~6 000 千克。南方在 3 月底直播。采用大小行种植,大行距 80 厘米,小行距 50 厘米,株距 20 厘米,每 667 平方米收青 4 500 株。重施基肥和攻穗肥,每 667 平方米施农家肥 3 000 千克,施硫酸铵 50 千克。

十、太穗枝 1 号青贮专用玉米

由山西省农业科学院作物研究所育成。属青饲青贮专用玉米品种,多秆多穗类型。全生育期 120 天。株高 280 厘米,单株分蘖平均 2.4 个,主茎与分蘖高度相当。每株结穗平均

2.3个,果穗长18厘米、锥形,籽粒黄白色、半马齿形。抗玉米大、小斑病和丝黑穗病。一般每667平方米种植密度为2 500~3 000株。适宜在山西、陕西等地种植。

十一、辽青85青贮专用玉米

辽青85青贮玉米(图2-10)由辽宁省农业科学院玉米研究所以单交种辽原1号为母本、以桂群为父本杂交组成的专用青饲玉米顶交种。1994年通过国家牧草品种审定委员会审定。

图2-10 辽青85青贮专用玉米

生育期约134天。全株26片叶。株高约307厘米,穗位高139厘米左右,茎粗约3厘米。果穗圆锥形,长20.3厘米,粗4.5厘米,穗行数14~16行,行粒数约43粒,双穗率46%。千粒重327克。出籽率83.09%,青穗重比率为20.7%。高抗倒伏,在一些地区抗盐碱性能突出,叶片深绿,持绿性好,生长势强。高抗丝黑穗病、青枯病、大斑病和小斑病。1990～1991年在辽宁省区域试验中,每667平方米平均产青饲料3 598.8千克,比对照种"白鹤"平均增产25.4%。

辽青85植株高大,生长繁茂,青饲料产量高,但籽粒产量较低于辽原1号,因此宜做青饲料的专用品种。种植密度3 000～6 000株/667米^2;对土壤肥力要求不高。栽培管理同其他品种。该品种生育期偏晚,可在辽宁省南部地区和海河以南地区大面积推广种植。

十二、中农大青贮67专用玉米

由中国农业大学选育而成的新品种(图2-11)。母本为1147,来源于美国78599杂交种自交选育;父本为SY10469,来源于SynD. O. C4高油群体。

(一)品种特征 在东北地区出苗至成熟133天。幼苗叶鞘浅紫色,叶片绿色,叶缘绿色。株型半紧凑,株高293～320厘米,穗位高134～155厘米,成株叶片数23片左右。花药浅紫色,颖壳浅紫色,花丝浅紫色,果穗筒形,穗长21～25厘米,穗行数16行,穗轴白色,籽粒黄色,粒为硬粒型。经中国农业科学院品种资源所接种鉴定,高抗大斑病、小斑病和矮花叶病,中抗纹枯病,感丝黑穗病。经北京农学院测定,全株中性洗涤纤维含量41.37%,酸性洗涤纤维含量19.93%,粗蛋白质含量8.92%。产量表现:2002～2003年参加青贮专用玉米品种区域试验,2002年16个点增产,1个点减产,平均每667平方米生物产量鲜重4516.31千克,比对照农大108增产15.83%;2003年10个点增产,9个点减产,平均每667平方米生物产量干重1256.66千克,比对照农大108增产1.68%。

图 2-11　中农大青贮 67 专用玉米

(二)栽培要点　适宜密度为 3 000～3 300 株/667 米^2,注意防治丝黑穗病、纹枯病。适宜在北京、天津、山西北部春玉米区及上海、福建中北部用作专用青贮玉米种植。丝黑穗病高发区慎用。

十三、龙青 1 号青贮专用玉米

龙青 1 号青贮专用玉米(图 2-12)又称龙青 202。由黑龙江省农业科学院玉米研究中心高产育种室选育的青贮玉米专用新品种。

(一)品种特征　龙青 1 号从出苗到青贮玉米采收期(蜡熟期)需有效积温 2 500℃～2 550℃,需生育期 115 天左右。叶片上部上冲,属半紧凑型品种。株高 290 厘米,穗位高 120 厘米,果穗圆柱形,黄色粒,穗长 28 厘米,穗粗 5 厘米,粒行

图 2-12　龙青 1 号青贮专用玉米

数 16 行,行粒数 45～50 粒,千粒重 350 克。植株茎粗 3.5 厘米左右,叶片、茎秆比 65% 以上。植株全株风干样品品质分析结果:粗蛋白质 7.78%,粗脂肪 2.44%,粗纤维 18.43%,无氮浸出物 66.07%,灰分 5.28%,总糖 8.74%。抗病力强,对玉米大斑病、小斑病、丝黑穗病、青枯病有较强的抵抗力。在合理种植密度下植株茎秆强壮、不倒伏,适宜采收期植株全株叶片青绿,无黄叶,植株繁茂。适合黑龙江省第二积温带作为青贮玉米品种使用。

(二)产量性状　在种植密度 4 000 株/667 米² 条件下,生物产量为 5 333.3 千克/667 米² 左右。1999～2000 年院内试验,平均生物产量为 5 513.3 千克/667 米²。2001～2002 年在黑龙江省安达、大庆、富裕、泰康等地进行异地鉴定及小面积示范,生物产量都在 4 667 千克/667 米² 以上。2003 年参加黑龙江省生产试验,生物产量为 4 605.14 千克/667 米²,

比对照品种中单 32 平均增产 21.33％。品质分析结果：粗蛋白质 7.99％，粗脂肪 2.44％，粗纤维 19.22％，总糖 10.41％。收获期全株含水量在 71.27％ 左右，适宜青贮。经黑龙江省农业科学院植保所两年田间接种鉴定，其抗病性为（两年平均）：丝黑穗病发病率 7.8％；大斑病 2 级，中抗。

十四、高油青贮 1 号（青油 1 号）玉米

（一）品种特征　高油青贮 1 号玉米（图 2-13）是中国农业大学、国家玉米改良中心选育的高油型青贮玉米新品种（审定编号：京审玉 2005021），籽粒及秸秆双优质。株型松散，株高 330 厘米左右，穗位高 145 厘米左右；果穗筒形，穗长 25 厘米左右，穗粗 5 厘米左右，穗行数 16～18 行；穗轴白色，籽粒黄色，硬粒型，千粒重 350 克；籽粒品质好，粗蛋白质含量 8.1％。含油量 8.6％，比普通玉米高 4.6％，达到国家高油玉米标准。青贮品质优良，中性洗涤纤维含量平均为 44.32％，达到国际纤维品质最高级——优良级标准。高抗大斑病、小斑病、弯孢叶斑病、茎腐病，持绿性强。春播生育期 130 天左右，夏播 100 天左右。一般生物产量

图 2-13　高油青贮 1 号玉米

6 000千克/667 米², 高产可达 8 000 千克/667 米²。

(二)栽培要点

1. 适宜密度 密度应控制在 3 500～4 000 株/667 米²。

2. 种植方式 行距 60 厘米, 株距 28～32 厘米; 或宽窄行种植, 宽行 93 厘米, 窄行 40 厘米, 株距 25～29 厘米。

3. 田间管理 增施农家肥, 加强水肥管理。

4. 适期采收 乳熟末期、蜡熟初期收获。

5. 适宜区域 全国各玉米生态类型区均可种植。

十五、青油 2 号玉米

(一)品种特征 青油 2 号玉米(图 2-14)是中国农业大学、国家玉米改良中心选育的高油青贮型玉米新品种(审定编号: 晋审玉 2005016)。籽粒及秸秆双优质。株型平展, 株高 300 厘米左右, 穗位高 140 厘米左右; 果穗筒形, 穗长 25 厘米左右, 穗粗 5 厘米左右, 穗行数 16～18 行; 籽粒黄色, 半马齿形, 籽粒品质好, 粗蛋白质含量 8.2%, 含油量 8.6% 左右, 达到国家高油玉米标准, 青贮品质优良。高抗大斑病、青枯病、矮花叶

图 2-14 青油 2 号玉米

病、粗缩病、穗腐病,抗小斑病。叶色深绿,持绿性好,根系发达,高度抗倒。春播生育期130天左右,夏播100天左右。一般生物产量6 000千克/667米²,高者可达8 000千克/667米²,比对照中北412增产14%。

(二)栽培要点

1. 适宜密度 4 000株/667米²。

2. 种植方式 等行距种植:行距60厘米,株距28厘米;宽窄行种植:宽行93厘米,窄行40厘米,株距25厘米。

3. 田间管理 增施农家肥,加强水肥管理。

4. 适期采收 乳熟末期、蜡熟初期收获。

5. 适宜区域 全国各玉米生态类型区均可种植。

十六、华农1号青饲玉米

(一)品种特征 华农1号青饲玉米(图2-15)由华南农业大学南方草业中心运用远缘杂交的方法,经10年选育而成。速生、高生、高产,优质,适口性好,抗逆性强。每667平方米用种量仅为0.6~0.75千克。平均每667平方米产量为3 600千克,高者可达5 000千克。

在华南地区大田生产的青饲玉米,在夏季32℃~38℃的高温期,大多生长不理想,青料产量比春植下降40%~50%,致使青料的均衡供应及夏季牛奶的优质高产受到影响。华农1号青饲玉米能在32℃以上的高温条件下正常生长,不会出现早花减产的现象。在施肥量减少的条件下,夏植青料产量能随着生育期日平均气温的上升及日照时数的增加而升高。

华农1号青饲玉米根粗为大暑麦的1.3倍,单株根数是大暑麦的2.3倍。单株地下部风干重是大暑麦的4倍。出苗

图 2-15　华农 1 号青饲玉米

后 15 天开始分蘖。1～1.5 千克种子出苗数可达 3 000～4 500 株,间苗后苗数大约 2 800 株,分蘖茎数要达 10 000～12 000 条。1990 年在无灌溉条件的梯田栽种,经历小旱 2 次、中旱 1 次后仍能保持 8～10 片青叶,每 667 平方米产量达 5 192 千克。

抗倒伏能力强,遇 9.7 米/秒的 5 级风仍不倒伏,适宜在南方种植。

华农 1 号青饲玉米粗蛋白质含量在干物质中占 9％～13％,并且容易消化。喂养试验表明,对奶牛、兔、鱼、猪均有良好的适口性。

(二)栽培要点

1. 种植方式　起平畦,畦高 10～20 厘米,宽 1.2 米。畦面挖 3 行沟,播种深度 2～3 厘米。育苗移栽或直播均可,播种量 1.5～2 千克/667 米²。行株距 50 厘米×40 厘米,每穴播种 3 粒,每 667 平方米植 2 800 株。移栽成活率高达 99％以上。

2. 播种时间　5 月上旬夏植,8 月收获。

应在移栽后 40 天或者出苗后 55 天开始收割。收割时留 1 个分蘖枝不割,其余枝条全部割掉,留茬 5 厘米。华农 1 号青饲玉米茎粗,与苏丹草相比,收割劳力可节约 4 倍左右。同等体积的情况下装载重量可为苜蓿草的 2.5 倍。青贮质量比苏丹草好,如按 1∶1 的比例与苜蓿草切碎混合青贮,一次性收获青贮备用可作为牛的越冬粗饲料。若逐步收割做青饲料,可用玉米揉碎机打烂后晒干打成青草粉喂猪用。

除上述介绍的品种之外,还有粮、饲兼用玉米品种,如京早 13、高油 647(11)、高油 115、辽原 1 号、辽阳白、中原单 32、龙单 24(龙 238),这些兼用青贮玉米品种每 667 平方米产量为 3 500~4 000 千克,具有很好的丰产性和抗性。

第三章 青贮专用玉米栽培技术

一、青贮专用玉米生长发育的条件

普通玉米从种子入土,经过生根发芽、出苗、拔节、孕穗、抽雄、开花、抽丝、授粉、灌浆至籽粒成熟的过程,习惯上称作玉米的生育期。粮饲兼用型玉米与普通玉米生长过程一样,果穗收获后要进行秸秆青贮。青贮玉米生长过程较短,至蜡熟期即收割青贮,没有收获籽粒的过程。墨西哥玉米和墨白1号玉米生长期更短,长到 1.5 米以上即可收割,一年收割4～5 次。因此,玉米生长期的长短,除因品种本身的特性而异,也受外界条件的制约,这些条件包括温度、水分和光照。玉米生长期间要求一定的温度、水分、光照等自然条件才能正常成熟。即使同一品种,在不同的时期播种,生育期的长短亦有差异。玉米在其一生中,由于生长发育的每一阶段各具特点,对于外界环境的要求是不同的。应了解到各阶段的具体条件,以便在栽培的过程中尽量满足其要求,达到提高产量的目的。

(一)温度 玉米是一种喜温、短日照的高秆作物,在日平均温度大于 10℃,积温 2 000℃以上,全生育期间日平均温度20℃以上,并有一定降水保证的地区都可以种植。玉米生长发育期间所需的温度以活动积温表示。积温的计算方法是在玉米所需水分、光照、养分等都适宜的条件下,日平均气温达到并稳定在 10℃以上,叫做玉米生长发育的最低有效积温。

大于 10℃以上的日平均气温,叫做活动温度。玉米全生育期活动温度的总和叫做活动积温。玉米品种一生中所需求的温度,只能在自然活动积温内提供。玉米所要求的积温,一般的规定为:早熟品种 2 000℃～2 300℃,中熟品种2 300℃～2 800℃,晚熟品种 2 800℃～3 300℃。种植玉米时应根据当地的气候条件,选用适合的品种。

玉米生育期间的生物学零度为 10℃,种子在 6℃～8℃开始发芽,但极缓慢,并易感染病菌霉烂。10℃～12℃发芽正常,通常在土壤水分适宜情况下,播种至出苗间隔日数,随温度升高而缩短。温度 10℃～12℃,播后 18～20 天出苗;15℃～18℃,播后 8～10 天出苗;大于 20℃,5～6 天出苗。最适发芽温度为 25℃～28℃。但播种至幼苗期,并非温度越高越好,在适宜温度范围内,温度稍低和相对干旱,则有利于玉米早期"蹲苗",从而达到壮而不旺的苗情。

春玉米烂种死苗气象指标:①日平均气温在 8℃或以下,持续 3～4 天,为播种育苗轻级冷害指标;②日平均气温在 8℃或以下,持续 5～7 天,为播种育苗中级冷害指标;③日平均气温在 8℃或以下,持续 7 天以上,为播种育苗重级冷害指标。

抽雄开花期的适宜温度为 25℃～28℃,籽粒灌浆成熟期要求日平均气温保持在 20℃～24℃,有利于有机物质合成和向果、穗、籽粒输送。当日平均气温在 18℃～20℃时灌浆缓慢,当日平均气温≤16℃时停止灌浆。籽粒灌浆过程中,籽粒增重与积温呈指数曲线关系。全生育期间平均气温在 20℃以下时,每降低 0.5℃,玉米达到成熟时生育期要延长 10～20 天。

(二)水分 玉米是一种水分利用效率较高的作物,蒸腾系数为 250～350,需水量低于水稻等作物。不同发育期对水分的需求不同,苗期需水约为全生育期的 22%。总耗水量,早熟品种为 300～400 毫米,中熟品种为 500～800 毫米。全生育期需水量因地域、品种、栽培条件不同而异。根系活动以占田间持水量 60%～80% 为宜。适宜的年降水量为 500～1 000 毫米,但生育期内最少要有 250 毫米,且分布均匀。

玉米苗期较耐旱,但拔节、抽雄、吐丝期对水分最为敏感,需水量也最多,如果此时期干旱少雨,则影响玉米正常拔节、抽雄、吐丝,习惯称"卡脖旱"。一般从拔节到灌浆约占全生育期需水量的 50%,抽雄前 10 天至吐丝受粉后 20 天是对水分敏感的临界期,特别是吐丝期和散粉期更为敏感。此期平均昼夜耗水 6～10 毫米,土壤水分不足,会严重影响产量。苗期和成熟后期,缺水对产量影响较小。

(三)光照 玉米是短日照作物,选用品种时还必须同时考虑日照条件。一般早熟种不如晚熟种对日长反应敏感,日照时间过长能延长玉米的正常发育和成熟。玉米光饱和点单株为 7 万～8 万勒[克斯],光补偿点群体为 1 500 勒。若抽雄吐丝期降水量过大,持续时间长,则影响开花和散粉,易形成空苞或秃顶,造成减产。

二、全国不同玉米产区的自然地理条件

根据各地的土壤、气候、栽培制度和品种生态类型等特点,可分为 7 个玉米产区。

(一)北方春玉米区 该区包括黑龙江、吉林、辽宁、宁夏和内蒙古的全部,山西的大部,河北、陕西和甘肃的一部分,是我国的玉米主产区之一。该产区 1995 年玉米播种面积约

893 万公顷,占全国玉米面积的 39.2%,总产量占全国的 43.8%。

北方春播玉米区属寒温带湿润、半湿润气候带,冬季低温干燥,无霜期 130～170 天。全年降水量 400～800 毫米,其中 60%集中在 7～9 月份。东北平原地势平坦,土壤肥沃,大部分地区温度适宜,日照充足,适于种植玉米,是我国玉米的主产区和重要的商品粮基地。玉米主要种植在旱地,有灌溉条件的玉米面积不足 1/5。该产区玉米产量很高,平均达到每公顷 6 吨左右。最高产量达到每公顷 15 吨。根据栽培特点又可分为东北春玉米产区和北方春、夏玉米产区。

1. 东北春玉米产区 包括黑龙江、吉林、内蒙古东北部和辽宁的北部地区。适于玉米生长的 10℃以上有效积温 2 000℃～2 600℃。生育日数为 120～140 天。全年降水量 500～600 毫米,其中 60%集中在夏季。温度、水分基本上可以满足玉米生长发育的需要。春季雨水少,蒸发量大,易形成春旱,注意保墒,抢墒早播。土质以黑钙土、黑土、棕色土为主,土壤肥沃,地势平坦,适宜于机械化作业。春播一年一熟制。适宜种植早熟、中早熟品种。一般 4 月下旬至 5 月上旬播种。9 月上旬收割、青贮。

2. 北方春、夏玉米区 包括北京、天津、河北、辽宁南部及山西中北部、陕西北部地区。气候特点为冬季寒冷干燥,无霜期长,全年降水量 500～700 毫米,约 70%集中在夏季。山区、丘陵地区昼夜温差较大,有利于玉米干物质积累,玉米有效生育期 150～170 天,有效积温 2 700℃～4 100℃。本区土壤有黄色土、棕色土及部分黑钙土。种植制度北部为一年一熟制,南部地区为一年两熟制,即小麦、小麦套种玉米或小麦后茬复播玉米。春季一般在 4 月中下旬至 5 月初播种,适于种植中熟或晚熟品种,夏播需中早熟或早熟品种(即套种中早熟品种,复播早熟品种)。

(二)黄淮平原夏玉米区 包括山东、河南、山西南部、陕西中南部、江苏、安徽的淮河以北地区。属温带半湿润气候,温度高,无霜期长,日照、降水量比较充足。全年降水量600～800毫米,分布不均衡,春旱,晚秋旱,夏、秋易涝,夏季高温多湿。玉米大斑病、小斑病严重。玉米有效生育期200～230天,积温为4 200℃～4 700℃。为一年两熟制,即小麦、玉米。要求种植生育期为105～120天的中早熟或中晚熟品种。机械化程度高的,农耗时间短,中晚熟品种也可以种植。

(三)西南山地丘陵玉米区 包括云南、四川、贵州和湖北、湖南的西部丘陵山区、甘肃白龙江以南地区。属温带湿润性气候,雨量充沛,海拔差异大,气候变化较复杂。全年降水量600～1 000毫米,多集中在4～10月份。有些地区阴雨多雾天气较多,日照少,云贵地区地势垂直差大。土壤多为红、黄粘壤土,山地为森林土。种植制度,在高寒山区为一年一熟制,以玉米为主,要求早熟或中早熟品种。气候温和的丘陵地区以二年五熟的春玉米或一年两熟的夏玉米为主。春玉米要求中熟或晚熟品种,夏玉米要求中熟或中晚熟品种。秋玉米一般7月中旬播种,9月底至10月初收获,要求早熟或中早熟品种。

(四)南方丘陵玉米区 包括广东、海南、福建、江西、浙江、台湾、上海、湖南与湖北东部、广西南部、江苏与安徽的淮河以南地区。玉米多在丘陵山区及淮河流域种植。属亚热带湿润性气候,气温高,雨量多,生育期长。3～10月份平均气温在20℃左右,夏季在28℃左右。全年降水量为1 000～1 700毫米,台湾、海南达2 000毫米以上。土壤为黄壤和红壤,土质粘重,肥力不高。广西南部有双季玉米,广东湛江、海南有冬种玉米。栽培方式多为畦作,便于排水防涝。一年两熟制的春玉米,一般在3月下旬至4月上旬播种,7月下旬至8月上旬成熟;一年三熟春玉米,在2月下旬播种,6月中旬成熟;夏玉米6月下旬播种,9月中旬成熟;秋玉米7月中旬至8月上旬播种,10月上旬至下旬成熟;冬玉米11月上旬播种,翌年3月初收获。

(五)西北内陆玉米区　包括新疆、宁夏、甘肃等地。雨量少,气候干燥,日照充足,昼夜温差大,有利于玉米种植。全年降水量一般为200毫米以下,新疆焉耆、甘肃定西等部分地区全年降水量仅60毫米左右,相对湿度低于40%,主要靠灌溉种植玉米。因此,玉米一般分布在沿河及主要山脉边缘,利用高山雪水、自流井、坎儿井等进行灌溉来保证玉米产量。土壤为荒漠半荒漠、灰钙土和棕钙土、漠钙土及部分黑钙土。一年一熟春玉米,一般在4月中下旬或5月初播种,8月下旬或9月上中旬成熟。要求中晚熟品种或中早熟品种。有部分地区麦套玉米或夏播玉米,宜选早熟或中早熟品种。

(六)青藏高原玉米区　包括青海、西藏、四川的甘孜以西地区。气候特点是高山寒冷,低谷温和。西宁适于玉米有效生育期为120天,拉萨为140天,有效积温均在1 900℃以上,无霜期90~150天。全年降水量西藏的拉萨、亚东等地为900~1 400毫米,青海的西宁、都兰等地不足400毫米。土壤主要为山地草甸原土、山地半荒漠、荒漠土及部分山地森林土。玉米主要分布在青海南部农业区的民和、循化、贵德、乐都、西宁等地,西藏的亚东、贡布、拉萨等地。种植制度除个别低谷地是二年三熟制外,基本是一年一熟制。

三、品种的选择

优良的品种是丰收的基础,品种选择是青贮玉米生产的第一步。品种间在生育期、产量水平、抗病性、耐旱性、抗倒性以及区域适应性上均存在较大的差别。在一个地区表现优良的品种,在其他地区可能表现很差,生产上经常有品种选择不当或劣质种子导致青贮产量降低的事例。如何选择适合需要的优良品种和种子是青贮玉米生产者必须面对的重要问题。

根据上述介绍的青贮玉米的生长特性和各地区不同的自然环境特点,选择品种时要考虑当地的日照时间、积温、降水量、土壤肥力等条件,选择适合本地生长,单位面积青饲产量高的品种。品种应具有植株高大、茎叶繁茂、抗倒伏、抗病虫害和不早衰等特点。青饲料产量春播每 667 平方米要达到 4 500～8 000 千克,夏播每 667 平方米要达到 4 000～5 000 千克。茎叶的品质可以影响青饲料的质量。青饲青贮玉米品种要求茎秆汁液含糖量为 6%,全株粗蛋白质达 7% 以上,粗纤维在 30% 以下。果穗一般含有较高的营养物质,选用多果穗玉米可以有效地提高青饲青贮玉米的质量和产量。目前青饲青贮玉米有两种不同的类型:一是分蘖多穗型,二是单秆大穗型。分蘖型品种往往具有较多的果穗,可以改善青饲料的品质。

青饲青贮玉米品种的选择还要求对牲畜适口性好、消化率高。青饲料中淀粉、可溶性碳水化合物和蛋白质含量高,纤维素和木质素含量低,且适口性好,消化率高。

选择品种要从实用出发,切不可唯新是求。一些新品种没有在当地经过多年多点试验,能否适应当地的环境条件还不大清楚,种植风险相对较大。在当地经过 3 年或更长时间的试验示范以后,基本上可以知道该品种在当地的适应性。选择多年多点表现较好的品种,生产上出现各种灾难性损失的可能性就较小。

墨西哥的玉米野生近缘种和群体引入我国后,往往表现出植株高大、根系发达、晚熟和生物产量高等特点,可以作为育种的基本材料,而不宜作为青饲玉米种植,在某些有特殊要求的畜牧场可利用其再生能力强的特性,分次割收,以满足生产需要。

四、青贮专用玉米栽培技术

(一)播前准备

1. 选择耕地　选择地势较高、排灌方便、土层深厚、有机质含量丰富的大田年前深耕晒垡,疏松土壤。多蘖再生青贮专用型玉米主要选用墨西哥玉米品种,喜大肥大水,对土壤要求不严。选择肥力中等以上、灌溉方便的田块。

2. 精细整地　北方应在秋季整地、施肥、耙耱、镇压,早春顶凌耙耱、起垄做畦。有灌溉条件的,应在秋、冬季灌好底墒水,适时镇压、耙耱,防止失墒,达到畦平、土细、上虚下实。南方在翌年春季按 1.2 米分厢,开好围沟(深 40 厘米)、厢沟(深 30 厘米,宽 25～30 厘米)和腰沟(深 20 厘米),做到沟沟相通,雨停田干。

3. 施足基肥　基肥以农家肥为主。增施农家肥(图 3-1)是青贮玉米持续高产的重要措施。据试验认为,青贮玉米的产量随农家肥施用量的增加而上升,特别是在连茬种植的地块中,增施农家肥的作用更为明显。一般每 667 平方米施农

图 3 - 1　播种前施足基肥　（彭长江摄）

家肥 2 000～3 000 千克,过磷酸钙 35～40 千克(与农家肥混合堆沤后施用),玉米专用复合肥 30～50 千克,氯化钾 10～15 千克,缺钾地区可增施适量的钾肥。采用挖穴集中深施,然后覆土盖肥,避免种子与基肥直接接触伤苗死苗。有条件的可施农家肥 3 吨代替部分氮肥,农家肥施用量越多越好。抗倒、抗病性差的品种可通过增施农家肥,减少化肥用量的途径,增加植株的抗逆性,达到降低成本、增加产量的目的。农家肥和过磷酸钙于耕地前撒入地内,其他化肥在耕地时撒在地内,翻入土中,或直接施入犁沟内,随土埋入地下,以防长时间暴露在空气中受阳光的照射而分解。

　　除了基肥之外,底墒也是很重要的条件。底墒充足,浇好底墒水是保证青贮玉米出苗的基础。因此,土壤墒情差的地块播前应浇水灌溉,当土壤含水率达 60%～70% 时适宜播种。有机械条件的,可在播种时将水随种子施入地下(图 3-2)。

图 3- 2　在播种时同时灌水

（二）播种方法　青贮玉米的播种是重要的环节，是以后取得高产的基础。抓住季节，适时播种，提高播种质量，对争取青贮玉米的早苗、全苗、齐苗、壮苗具有十分重要的意义。青贮玉米适宜的播种期应根据各地的自然气候条件、栽培制度、品种特性等因素加以考虑。既要充分利用当地有效的生长季节，又要充分发挥品种的高产特性；既要夺取青贮玉米的丰收，又要为后茬的稳产高产创造条件。不同地方的气候和水利条件不同，所以应采取不同的种植方法。

1. 大田直播法　该方法适宜于南方气候温暖湿润，降水量充裕的地方。北方在 5 月上旬气温回升至 16℃～17℃时才可大田直播。

（1）播种时间　各地青贮玉米的最迟播种期要因地制宜，但应掌握在玉米吐丝时的日平均温度不低于 20℃为限，以确保青贮玉米的高产优质。一般以 5～10 厘米深处的地温稳定在 10℃～12℃比较适宜(当日平均温度稳定通过 12℃即可播种),南方地区 3 月中下旬,与普通春玉米播种期基本一致。北方地区育苗移栽和覆膜保温育苗可适当提前,宜于 3 月中下旬育苗;挖穴点播宜于 4 月上旬播种。青贮玉米在适宜的播种期内应尽量早播(图 3-3),其好处如下。

图 3-3　春季及时播种

第一,早播可延长青贮玉米的生育期,特别是营养生长期的生长,为玉米的生长发育、植株健壮积累更多的营养物质,从而达到提高青贮玉米产量和质量的双重目的。

第二,早播的玉米,由于苗期气温较低,地上部分生长较慢,致使幼苗生长健壮,根系发达,茎秆组织坚实,节间短密,增强了抗旱抗倒伏能力。

第三,早播的青贮玉米,在地老虎发生之前,苗已长大,故能减少病虫害的发生。减轻缺苗断垄的现象。

(2)种子精选与处理　种子质量对产量的影响很大,其影响有时会超过品种间产量的差异。因此,生产上不仅要选择好的品种,还要选择高质量的种子。在现阶段,我国衡量种子质量的指标主要包括品种纯度、种子净度、发芽率和水分 4 项。国家对玉米种子的纯度、净度、发芽率和水分 4 项指标做出了明确规定:一级种子的纯度不低于 98%,净度不低于 98%,发芽率不低于 85%,水分含量不高于 13%;二级种子的纯度不低于 96%,净度不低于 98%,发芽率不低于 85%,水分含量不高于 15%。我国对玉米杂交种子的检测监督采用了"限定质量下限"的方法,即达不到规定的二级种子的指标,原则上不能作为种子出售。

选择纯度高、籽粒饱满、无破碎和病虫害的种子。播种前选晴天晒种 2～3 天。在有黑穗病危害的地区,可采用浸种或药剂拌种进行消毒。提倡推广种衣剂包种。

(3)播种方式与播种量 冬闲田春玉米可采用覆膜保温育苗移栽(软盘或营养块育苗)或挖穴点播两种方式。直播时要求挖穴距离均匀,深浅一致。育苗移栽每蔸栽 1～2 株苗,直播每穴播 1～2 粒种子。分蘖多穗型青贮玉米品种具有分枝性,故应比单秆品种减少播种量。手播时每 667 平方米用种 3 千克,机播时每 667 平方米用种 2 千克,育苗移栽时,每 667 平方米用种子 1 千克左右。因为分蘖多穗型青贮玉米在高温条件下,分枝性减弱,因此夏播玉米时要适当增加播种量,单秆大穗型青贮玉米品种播量应为每 667 平方米 3.5～4 千克。

直播时,裸种子在播种前用 20℃温水浸种 12～24 小时,包衣种子不必浸种和催芽,可直接播种。因包衣剂含农药,有毒,在播种时要带上乳胶手套,以防浸入皮肤内引起中毒。剩余的种子不能用作饲料,更不能让小孩接触。

(4)播种深度　播种深度适宜,覆土厚薄均匀,是保证全苗、齐苗的重要措施之一。在墒情好的情况下,一般穴深 2～3 厘米,播后盖土 2～4 厘米。开沟播种时,沟深 3 厘米,覆土厚 2 厘米左右(图 3-4)。若品种顶土能力强,考虑到播后可能出现春旱,可适当播深一些。如北京地区推广的玉米品种鲁单 052 播种深度为 4～5 厘米。

图 3-4　播种深度要适当　(彭长江摄)

(5)种植密度　青饲玉米多数植株高大,茎叶繁茂,常有分蘖,但主要是收获更多的绿色植物体。因此,要获得高产需增加种植密度。青饲玉米种植密度一般比收获籽粒的增加 50% 左右。一般密度为 7 000 株左右/667 米^2,等行距 60 厘米,株距 25 厘米,或根据品种而定。

保证基本苗在 6 500～7 000 株/667 米^2,比普通玉米的 3 000～4 000 株/667 米^2 密度要大得多;行株距一般为 45 厘米×15 厘米。分蘖多穗型青贮玉米品种具有分枝性,故应比单秆品种减少播种量。行株距一般为 60 厘米×25 厘米。北方的基本苗要求达到 4 000～5 000 株/667 米²,在长江以南因分枝减少,基本苗应为 7 000～8 000 株/667 米²。青贮玉米品种最好根据当地气候、土壤条件先做密度试验,然后再大量种植,这样比较有保证。

直播采取挖穴点播,每穴播 2～3 粒种子。育苗移栽,采用塑料育秧盘或肥团育苗,每孔(或每团)播 2 粒种子。2 叶 1 心开始栽苗,栽后浇足定根水(图 3-5)。

图 3-5　合理调整种植密度　(彭长江摄)

2. 垄作栽培技术　玉米垄作栽培技术是在精细整地后起垄。在垄上种植玉米,栽培土层加厚,积水保墒能力增强,便于灌溉和排涝(图 3-6),分层施肥,有利于通风,光照面积增大,地温提高,可促进玉米生长。适宜于浇水条件及肥力基础较好的地块。

(1)选择耕地　选择耕层深厚、肥力较高、保水保肥及排水良好的地块进行,对于旱作地区,必须结合免耕、覆盖及其他节水技术进行。

(2)精细整地　播前要有适宜的土壤墒情,如果墒情不足

图 3-6　垄作技术有利于灌溉

应先造墒再起垄。若农时紧,也可播种以后再顺垄沟浇水。起垄前深松土壤 20～30 厘米,耙平除去坷垃及杂草后再起垄,以免播种时堵塞播种耧影响播种质量。整地时基肥的施用原则同一般的精播高产栽培方法。目前提倡肥料后移施肥技术,即基肥占全生育期的 1/3,追肥占 2/3。

　　(3)合理确定垄幅　精细整地后起垄,对于中等肥力的地块,垄幅 30～35 厘米,垄顶面宽 15 厘米,垄高 17～18 厘米,垄上种 1 行玉米。

　　3. 覆膜播种法　覆膜播种是在整地后覆盖农用地膜。选用较薄的低压高密度聚乙烯透明膜或高压低密度聚乙烯与线型聚乙烯共混薄膜。在膜上打孔种植玉米。覆膜能提高地温,增加有效积温,减轻早霜的危害,提早播种,使玉米提早成熟 10～15 天,可提高产量。并使玉米适种海拔高度提高 100 米左右,有利于中晚熟品种发挥生产潜力,对不同生态类型区作物种植结构调整有一定的积极促进作用。此外,覆膜还可以保墒、减少水分蒸发,在北方干旱少雨的地区推广此项技术具有重要意义。

常见覆膜形式有:①玉米平作宽幅覆膜;②玉米垄作窄幅覆膜;③带田套种一膜两用;④正方形穴播覆膜;⑤埯子田或称撮种覆膜;⑥垄沟聚雨覆膜;⑦丰产坑覆膜;⑧膜侧玉米;⑨玉米覆膜育苗移栽。

覆膜播种有平作和垄作两种方法:降水少的地区适用平作;降水多、土壤湿度大的地区宜采用垄作。

平作就是在整好的耕地上直接覆膜,不起垄(图 3-7)。一般采用机引或畜力覆膜机进行机械覆膜。覆膜既可在播前

图 3-7 平作覆膜种植的田地

也可在播后。播前覆膜就是在整地后将地膜紧贴地面展平压紧,膜宽 120 厘米,在两块膜之间留 30 厘米的裸地,膜的边缘压盖 8~10 厘米厚的土,每隔 2 米左右横压土腰带,防止被风

掀起。沙壤土且春季多风干旱地区,可选用先播种后覆膜的方法,但应注意及时放苗并保证覆膜质量,防止漏盖、膜边覆土压苗和烧苗现象。其他宜选用先覆膜后播种方法,以避免放苗麻烦,但应注意播种孔不宜太小,防止幼苗被覆盖压住而弯曲。如遇雨封孔土板结,需人工碎土,辅助出苗。

玉米采用地膜覆盖以后,增加了 250℃～300℃ 的有效积温,延长了生育季节。因此,可选择比当地玉米生长期长 10天左右的品种。播种前用农家宝 1 号 30 毫升拌玉米种子,使根系发达提高抗病力,早发芽 36 小时。

由于覆膜土壤的温度、湿度高于露地,可以提早播种。播种时在膜上用木棒戳一直径 3～4 厘米的孔,孔内点播玉米,一般是墒好宜浅,墒差宜深,每穴播种 2～3 粒种子,播后要覆土盖平踏实。或用刀刺 5～7 厘米的"十"字切口,切口内种植玉米,最好采用宽窄行种植,窄行 40～60 厘米,宽行 60～80厘米,集中覆盖窄行,节约薄膜,通风透光好。可点播或机械精量点播。北方河套地区采用开沟条播。株距一般为 25 厘米,每 667 平方米留基本苗 4 500～5 000 株。

播后覆膜就是在播种后覆盖地膜,覆膜方法与播前覆膜相同,该方法适时揭膜放苗至关重要。覆膜玉米经 10～15 天出苗,在幼苗第一片叶展开后及时破膜放苗,放苗过迟,容易在封孔时压住玉米植株或灼伤叶片。破膜放苗最好选择晴天下午,使幼苗得到锻炼。放苗时用小刀或竹片破 12 厘米小孔,放出幼苗,然后用细湿土沿幼苗茎基部把间隙封严,防止进入冷空气,保持膜内温湿度。气温升至 25℃ 以上后,应除去塑料膜,便于管理。提倡使用光降解膜和生物降解膜。揭膜后要及时间苗、中耕、施肥和防治病虫害。在玉米大喇叭口期用农家宝 90 毫升,对水 50 升喷洒,可使叶片气孔关闭,减少水分蒸腾,提高抗旱能力。

垄作是在整好的地上起垄,垄上覆盖地膜,垄沟种植玉米。覆膜前要再次清除垄面上的碎石、残枝。起垄的规格是小垄 40 厘米,垄高 15～20 厘米,大垄 80 厘米,垄高 10～15 厘米。先用划行器规格划行,然后用步犁起垄,用 120 厘米的薄膜全地面覆盖,两副膜相接处必须在大垄中间,用下一垄沟内的表土压实,并隔 2 米左右横压土腰带,拦截垄沟内的径流,充分接纳雨水。将地膜紧贴地面,膜边培土压膜 8～10 厘米,揭膜后管理方法与平作相同。

旱地垄作覆膜栽培技术(图 3-8)集成了膜面集水技术、

图 3- 8 旱地垄作覆膜

覆盖抑蒸和起垄沟播技术。它有以下优点:一是通过大小双垄覆盖地膜,充分接纳降水,特别是春季 5 毫米左右的微小降水,汇集雨水进入播种沟,保证玉米正常出苗;二是全膜覆盖最大限度减少土壤水分的无效蒸发,使降水利用率达到 90%

左右；三是全膜覆盖能防治田间杂草，并且有效减轻土壤表面的风蚀和降水冲刷。

4. 育苗移栽法 适宜于北方气温较低的地方。青贮玉米早播可以延长玉米的生长期，避免苗期被虫害侵袭，加快玉米生长，提高成活率和产量。但在北方的3月下旬至4月上旬，气温刚刚回升，气温和地温都不稳定，如果大田玉米播种偏早，达不到玉米生长发育的温度要求，玉米幼芽易受冻伤，影响以后各阶段的生长发育；如果玉米播种偏晚，又会缩短玉米的生长期，影响青贮玉米的产量。但实行育苗移栽可以解决上述难题，既可以使种植期提前，又可使玉米的生长发育不受影响，同时还可节约种子用量，是值得推广的方法。

（1）育苗时间 育苗时间应比当地适宜播种玉米时间提前20天，如果当地玉米播种在4月20日左右，移栽育苗时间就应安排在4月1日进行。控制大田移栽时苗龄在20天左右为宜。

（2）育苗方式 目前移栽育苗方式有软盘（营养钵）育苗和营养块育苗两种方式。育苗在温室或塑料大棚里进行。

①营养块育苗 在大田挖深10厘米、宽1.2米、长18～20米的苗床。取出泥土后，平整床底，铺垫2厘米厚的草木灰等做隔离层以便铲苗带土移栽。营养土配比，用本田苗床取出的表层土500千克，菜园土300千克，腐熟农家肥（干）50千克，打碎过筛后，加尿素2千克、磷肥10千克、锌肥0.5千克均匀拌和，再用稀薄粪水拌成半干半湿的肥泥，铺在隔离层上，压实成10厘米厚的泥土层做育苗土，待稍硬皮后撒一层干泥灰，用菜刀按6厘米×6厘米的规格切成小方块，用小木棒在小方块中央打2厘米深的播种孔，播破胸种子1粒，然后用灰肥盖没种子与床土（图3-9）。

图 3-9 营养块育苗技术

②软盘(营养钵)育苗 每 667 平方米大田备苗床 12～14 平方米,备塑料软盘 60～70 块(规格 33 厘米×60 厘米,100 孔/块),营养土配比是腐熟农家肥、土杂肥、菜园土各 1/3,每 100 千克营养土加尿素 0.5 千克、过磷酸钙 1 千克、锌肥 0.1 千克,充分拌匀后,再用稀薄粪水调拌成手捏成团、落地即散的营养土。用配制好的营养土填满塑料软盘的 4/5,每孔播破胸种子 1 粒,再用营养土盖没种子及软盘,并用木板推平压实,软盘周围用泥土盖严。

软盘育苗有以下优点。

第一,提早播种。软盘育苗利用软盘盖膜增温,播期可比直播提早 15～20 天。如利用双膜育苗和栽培,播期还可提前。播期提早,可争取农时,缓解茬口矛盾。

第二,秧苗素质好,栽后长势旺。软盘育苗受外界不良影响小,膜内温度适宜,肥水集中,出苗整齐,秧苗苗壮,根系发达,抗逆性强。移栽时不伤苗,栽后无返青期,成活率高,长势明显优于营养土(块)育苗法。

第三,生育期缩短,产量增加。软盘育苗无移栽缓苗期,生长发育快,与营养土(块)育苗相比生育期缩短 3～5 天。同时,它生长旺盛,生活力强,玉米穗大,增产 4%～9%。

(3)苗床管理　育苗期间保持水分充足,苗床床土发白后及时喷水,控制温室温度在 20℃～38℃,每天保持 10～12 小时的光照,育苗时要及时施药防治病害和虫害。

(4)大田移栽　当苗龄达到 20 天左右,外界气温达到 20℃以上时,即可移入大田。移栽前 1～2 天敞开温室,浇水量适当减少或停止浇水,使玉米苗适应外界的环境,称为"炼苗"。注意适温适湿长苗,低温低湿炼苗,有利于提高移栽后的成活率。选择晴天下午或阴天及时带土移入大田,根据苗的大小挖穴,应使苗根及营养土全部植入穴内,压实根部土壤,浇足定根水,上覆 1～2 厘米的松土。

(5)移栽密度　每厢种植 2 行。其中春玉米行距 55～65 厘米,株距 25～27 厘米,每 667 平方米植 4 000～4 500 穴,留苗 5 000～5 500 株;秋玉米行距 55～60 厘米,株距 22～25 厘米,每 667 平方米植 4 500～5 000 穴,留苗 5 500～6 000 株。

(6)移栽后的管理　移入大田的 1～5 天内要及时观察,发现缺苗、死苗及时补上。土壤含水率应在 60%～70%,如果干旱,要及时浇水。

5. 覆膜移栽法　育苗方法与上述方法相同,移栽方法不同,适应于北方地温低和降水量少的地区。目前我国覆膜技术多采用起垄弧形覆膜或平覆,该方法在降水量少的地区可以防止地表水分蒸发,但是也存在着阻雨的副作用。

若改为"山"字形垄沟凹穴覆膜或"M"字形垄沟覆膜,除仍保留通常覆膜的优点外，又增加了聚水、节水功能。据实验，采用此法，一般单株作物根际受水量是实际降水量的5～10倍，特别是"山"字形垄沟，连露水和地气也会从膜的内外涌向作物根部。即使在干旱地区，采用垄形覆膜栽种玉米，也可基本满足作物对水分的需求。若抽水采用垄上沟浇，可节水一半以上，既防旱又防涝。此外，这种垄形地膜覆盖还可以提高地温，在北方可以提前种植10～15天。在不加大投入的情况下，可使种植者取得更大的经济效益。其操作方法如下。

(1)起垄与覆膜

①起　垄

一是"山"字形垄形(三峰双沟形)。先按25厘米深挖沟起垄。在垄上两侧各挖1条15厘米深的种植沟，沟内挖8厘米深的大口小底定植穴。

二是"M"字形垄形(双峰单沟形)。横切面像M字，方法与"山"字形基本相同。此垄形宜将作物种在峰上，垄宽、峰沟(行)距、穴(株)距，根据作物品种而定。以南北向为宜。用这种垄形即使不覆膜，也能起聚水节水作用。

②覆膜　选用聚乙烯透明地膜，计算好宽度。一般比露地早10～15天，先在垄两边各开1条沟，沟深5厘米，把塑料膜紧贴地面，松紧适宜，膜边压土严实，使膜的采光面在35厘米以上。如果使用机械覆膜，将大大减轻劳动强度。为防杂草，可在覆膜前根据所种作物种类喷施相应的除草剂。草害严重的，播种后用拉索100克或西玛津150克，对水于垄面喷雾，喷后再覆膜。

(2)种植　先在要种(定)植点膜上打"十"字孔。最好是营养钵育苗移栽，栽后浇水，待水渗完后，用细湿土沿幼苗茎基部把间隙封严。

（3）合理密植　要求做到密度适宜，用膜较少，管理方便。可采用宽窄行或大、小垄种植法，即大行距 80 厘米，小行距 25 厘米，用 70～75 厘米宽的薄膜覆盖 2 行玉米，两边压入薄膜 10 厘米。好处是每 667 平方米密度可保证 3 800～4 500 株，通风透光好，能发挥边行优势。每 667 平方米用膜 0.5 千克。一般覆膜移栽法密度可比露地玉米增加 10%～15%。

采用玉米覆膜栽培，田间管理过程基本上与大田栽培技术相同。

6. 育苗侧栽法　育苗方法与上述方法相同，移栽方法不同，适应于北方干旱半干旱地区和山地丘陵地区。育苗侧栽是地膜覆盖栽培法的改进方法。

（1）育苗侧栽的优点　在玉米栽培中，将育好的玉米苗移栽于地膜膜侧边缘的一种栽培方式，它与将玉米苗移栽于膜内相比，具有以下优点。

第一，能够进一步增强玉米的抗倒能力。玉米育苗移栽于膜内，与大田直播覆膜栽培相比，虽抗倒能力有所增强，但由于膜内土壤疏松，加之多数埋肥较浅，玉米根系受膜内肥水运动影响集中于土壤表层，因而仍然较易倒伏。玉米苗栽于膜侧，虽大部分根系受膜内水肥吸引伸向膜内，但仍有部分根系生于土壤较实的膜外，加之移栽蹲苗效果更为明显，株高、穗位显著降低，后期便于培土管理，因而玉米抗倒能力大为增强，倒伏风险明显降低。

第二，能够提高地膜增温保湿、闭杀杂草功能。玉米育苗侧栽，与栽于膜内相比，不损伤地膜，膜面保持清洁完整，因而对膜内土壤增温保湿更加有利。苗虽移栽于膜侧，但大部分根系向膜内伸展，因而同样能起到促根壮苗的作用。且因膜封闭严密，膜内土表温度明显提高，可更有效地闭杀、烧伤杂草。只要垄面平整,可基本控制杂草危害。若在盖膜前垄面喷施化学除草剂,更能起到稳定、良好的除草效果。

第三,有利于蓄水纳墒,方便移栽,提高移栽成活率及后期抗旱能力。旱地足墒覆膜后,膜内土壤水分受热力运动影响蒸发至地膜表面,遇低温则凝结为水珠,最后滑向地膜两侧。而降水时膜面雨水亦滑向地膜两侧。因而覆膜一段时间后,以膜侧边缘墒情最好,而且补水也最为容易。若玉米移栽于膜侧,很容易抓住较好墒情及时栽苗,且移栽操作较为方便,后期遇旱也抗性较强。而移栽于膜内,若盖膜后遇持续高温干旱,失墒较快,有可能导致膜内中部土壤缺水,不仅栽时不便,而且补水困难,进而影响移栽成活率。若后期干旱,遇少量雨水也不易蓄水纳墒。

第四,有利于一膜两用,提高地膜利用效率。玉米移栽于膜内,虽也可利用玉米旧膜直接打孔播种,但保温、保墒效果较差。玉米移栽于膜侧,不破坏垄面,地膜基本保持完整,秋、冬季若在膜面打孔种植其他作物,保温、保墒效果较好,且膜内肥料损失小,土中玉米残茬少,因而更利于作物生长,从而起到铺 1 次地膜,夺两季丰收的效果。

第五,有利于水肥管理,提高青贮玉米产量。玉米移栽于膜内,密度过高,肥水过足则易引起倒伏。玉米移栽于膜侧,抗倒能力显著增强,因而可适当提高移栽密度,增大施肥量,进而达到使玉米单产再上台阶之目的。

(2)育苗侧栽的注意事项

第一,适当提早育苗,备足基本苗。宜采取双层地膜覆盖育苗技术,将玉米播种期提早 5～7 天,以弥补玉米栽于膜侧积温稍低之不足,玉米苗数应在原来基础上每 667 平方米增加 500 株。

第二,施足基肥,增加肥料用量。由于玉米栽于膜侧,膜面完整,对垄内肥料封闭较好,肥料挥发、流失少。加之考虑增加玉米密度与"一膜两用"需肥量大等因素,因而需加大肥料用量。基肥每 667 平方米施农家肥应在 5 000 千克以上,用复合肥、碳铵各在 50 千克以上。确保 1 次施足基肥,兼顾双季作物高产。

第三,提早开沟埋肥,足墒起垄覆膜。在年前深挖预留行基础上,开春及早开沟埋肥,趁足墒时及时起垄,要求垄面尽量平整,然后严实覆膜。若有条件,可在覆膜前垄面喷施除草剂,以杜绝杂草危害。

第四,大小苗分级,提高移栽密度。移栽时必须做好大小苗分级工作,防止混栽高密度下大小苗生长不齐,空秆较多等问题。移栽密度,可比栽于膜内每 667 平方米增加300～500株。

第五,结合追肥,培土防倒。注意适当加大穗肥用量,追肥时培土壅苗,防止因密度过高引起倒伏。抽雄期喷施玉米健壮素,也可起到显著防倒效果。

7. 免耕播种 免耕播种是近几年发展起来的玉米新型播种技术,是在一定的机械化程度上发展起来的。联合收割机在收获小麦的同时将小麦秸秆粉碎还田,在不耕地的条件下用播种机直接在麦茬地里划沟播种玉米,同时将一定的肥水也施入地下。这项技术可以节省农时,减小劳动强度,提高生产率;秸秆还田,增加土壤有机质含量,提高生物多样化,改善土壤水渗透性能;秸秆覆盖地表,减少水分蒸发,保持土壤水分;减少土壤侵蚀,改善地表水质量;减少土壤压实,改善土壤耕性,避免引起土地板结;减少机械损耗,降低燃料费用,节约能源,减少二氧化碳排放和空气污染;延长玉米的生长期,提高产量。

五、青贮专用玉米的田间管理

（一）苗期管理 播种后5～7天玉米苗即可出土，9～10天即可出全苗，15天以后可根据苗情进行定苗，过密的地方要疏苗，过稀的地方要补苗，发现缺苗断垄处及路边、地头漏播处，应及时补种或移苗补缺。争"五苗"：即早、全、齐、匀、壮苗是保证合理密植、获得高产的重要基础。

（二）科学追肥 玉米是需肥较多的作物。根据有关研究，玉米生长过程中吸收的养分，有70%～80%来自于作物施肥。玉米吸收土壤中的矿质元素多达20多种，主要是氮、磷、钾3种。氮素是玉米最主要的营养元素，增施氮肥会使青贮玉米植株明显增高，茎秆变粗，单株总叶片数、绿叶数、叶面积系数和单株鲜重增加，从而提高单产。具体使用量也应根据土壤肥力、有机肥施用量进行统筹。同时磷、钾对玉米的生长也十分重要。磷肥可促进幼苗根系发育，提高青贮玉米的抗旱性。钾肥能提高玉米的抗旱性、抗倒能力，缺钾时玉米生长受阻、节间缩短、植株瘦弱、容易倒伏。

根据玉米的需肥特性，春播玉米生育期最佳施肥量为尿素20～22千克/667米²，五氧化二磷（P_2O_5）10～12千克/667米²，氧化钾（K_2O）8～10千克/667米²，夏播时施肥量可酌情减少。在玉米的施肥技术上应掌握基肥为主，种肥、追肥为辅，有机肥为主，化肥为辅，早施基肥和磷、钾肥，分期施用追肥的原则。

追肥以氮肥为主，春播玉米分两次追肥，分别在拔节期和大喇叭口期，追肥量分别按整个氮肥追肥量的30%与70%计量。

1. 轻施苗肥　玉米定苗后,植株长到 4 叶和每株有 3～4 个分蘖时,分别用化肥深施器追施分蘖肥,每 667 平方米施尿素 5 千克。

青贮玉米达到拔节期,要及时追肥,用量宜轻,约占总追肥用量的 30％左右,一般每 667 平方米施尿素 4～5 千克。夏播玉米在拔节期每 667 平方米 1 次性追施化肥 10～11 千克。

2. 重施穗肥　即喇叭口肥。青贮玉米进入拔节阶段,由于气温逐渐升高,生长速度加快,同时雄穗雌穗开始分化,进入营养生长和生殖生长阶段,所需水肥最多。据报道,玉米从出苗到拔节,对氮素的吸收量只占其总需求量的 14％,而至抽雄时其吸收量为 53.3％左右。为争取壮秆大穗,必须及时重施拔节长穗肥,才能达到高产要求。如墨白 1 号玉米等晚熟品种,其生物学产量的形成主要靠增加株高来实现。因而施用拔节长穗肥的增产效果极为明显。

青贮玉米在大喇叭口期每 667 平方米施尿素 8～12 千克。最好以速效氮肥为主,用量占总追肥量的 70％。

3. 刈割后施肥　青饲玉米,如墨西哥玉米种植 50～60 天后拔节前,或苗高 40～50 厘米时,可割第一次青草,以后每隔 30 天左右苗高 50～60 厘米割再生草 1 次。割第一次草时,留茬高 10～15 厘米,以后每割草 1 次,留茬高度均要在前一次的基础上增加 2 厘米左右。注意不要割掉生长点,以利再生。每次刈割后,待再生苗长高 5 厘米左右时,应进行追肥盖土,施肥量为复合肥 30 千克/667 米^2。深施,注意不要将肥料撒于割口上,以防烂苗。如干旱时浇水,可在灌溉前将化肥施入垄内。如做青贮用,割草次数可减少,或在最佳季节一次性收割。

(三)中耕除草　　杂草对玉米的危害是很大的。首先表现在杂草和玉米争夺生活空间,争夺阳光,并能消耗大量的水分和养分。杂草过多时可严重影响玉米产量。其次,有些杂草是某些病原和害虫的越冬与寄主场所。因此,不消除杂草,还会引起翌年某些病虫害的发生(图 3-10)。

图 3-10　中耕除草

夏玉米如不及时防除杂草,危害更大。特别在苗期,雨季即将来临,如稍有放慢,就可能发生草荒,造成减产。这时又恰处麦收期间,劳动力极为紧张,对玉米田很难精作细管。因此,一定要进行中耕除草。

1. 人工除草　　人工除草是传统的方法,用锄头或其他农具把田间的杂草从根部截断或连根拔出。人工方法除草彻底,除了除草之外,还有以下几个方面的优点。

第一,对土壤进行中耕,疏松地表层土,增加土壤空气含量,促进土壤微生物活动,分解有机肥,为作物生长提供营养。

第二,切断土壤毛细管,阻止土壤水分蒸发,为作物生长提供必要的水分。

第三,增加土壤表面积,吸收日光能力增强,土壤温度提高,促进作物生长。

第四,培土封行。在中耕除草的同时向作物根部培土,有利于玉米长出不定根,以促分蘖防倒伏,对分蘖型玉米有重要的意义。

第五,消灭害虫。通过中耕杀死土壤中的害虫,对寄生于土壤中的虫卵和有害微生物也有一定的控制和杀灭作用。

第六,提高施肥效率。中耕结合追肥,把化肥深埋于土壤中,可以提高施肥的效率。每667平方米施用复合肥3～5千克。

虽然中耕除草是较好的管理方法,但是该方法劳动强度大,工作效率低,需要较多的人力,在大量种植的情况下难以推广。

2. 化学除草 喷洒特制的化学药品把杂草除掉。使用化学除草剂除草,既省工省时,节约劳动力,又可避免草荒的发生,是保证玉米丰产丰收的有效措施,但需要针对杂草的特性使用不同的除草剂。不同的除草剂对杂草的防除方式不同,有内吸性的,也有触杀性的。在作用原理上总的是使杂草植株的正常代谢发生紊乱,生长受到抑制,直到最后死亡。玉米上常用的除草剂主要有生长抑制剂和光合作用抑制剂等。

(1)生长抑制剂 生长抑制剂主要通过抑制和破坏分生组织的正常生长来达到防除杂草。如酰胺类的乙草胺就是通过阻止胚芽鞘和根尖细胞的分裂生长,使杂草不能正常发芽出苗和生长,从而达到除草目的。

(2)光合作用抑制剂 这种除草剂主要通过限制杂草的

光合作用和有机物质的合成,使杂草生长失去物质供应而死亡。如三氮类的阿特拉津就有这种作用。

(3)混配型除草剂　由于各种除草剂在化学组成、结构及其理化性质上都是有区别的,所以它们的杀草能力及范围也不一样。据研究,多种除草剂混用,比使用单剂有以下优点:①扩大杀草种类;②降低残留活性;③减轻药害;④提高除草效果。

3. 使用化学除草剂的原则　应用化学除草是我国近几年新兴的一项先进技术。只要使用得当,一般效果都很理想。但多数化学除草剂的选择性很强,使用不当反而有害。因此,青贮玉米田进行化学除草必须掌握以下原则。

(1)选用适合青贮玉米田应用的除草剂　每种除草剂要求使用的作物不相同,选择性较强。除青贮玉米田专用除草剂外,其他除草剂在青贮玉米田不能随便乱用,不能认为只要是除草剂玉米田都可以使用。一般第一次应用的除草剂都要慎重,否则可能会引起严重后果。例如草甘膦,对杂草的杀灭性很强,但如果应用不当,对青贮玉米的危害也很大。如苗期喷洒在玉米叶片上,会引起红苗,甚至造成枯死。

(2)掌握适宜的施用时期　除草剂的杀草效果与使用时期有关,要在杀草效果最好,对玉米又最安全时使用。如乙草胺除草剂对杂草的作用部位主要是芽鞘和幼根。因此,这种除草剂在杂草出苗前使用效果较理想。对大草则无明显的杀灭作用。

(3)用药前要了解周围作物的种植情况　有些除草剂可杀死杂草,对玉米无害,可以在玉米田放心使用,但对有些作物和蔬菜却危害很大。因此,用药时要慎重,以免危害邻地。

(4)对后茬作物的影响　有些除草剂残效期很长,施用不当时有可能对敏感的后茬作物造成危害。如阿特拉津是优良的玉米田除草剂,但它的残效期很长,对豆类作物又很敏感,所以使用时间要考虑到下茬作物的安排与种植时间。

(5)要看天、看地、看庄稼 如在大雨前不要施用,以免因雨水冲刷造成除草剂流失或聚集,引起降低药效或产生药害。土壤过于干旱时也会降低效果。在苗期,杂草较小,要选择内吸性的除草剂为主。当玉米大喇叭口期以后,杂草较大时,应选用杀灭性的除草剂为好。

(6)严格掌握使用浓度与方法 由于能用于玉米田的除草剂种类较多,而不同除草剂的要求使用浓度又不相同,所以使用前必须掌握其使用浓度和用药量。浓度太低,使用量太少,可能起不到除草作用;而浓度太高,用药量过大,往往又会对玉米起到伤害作用。一般说来,商品药均会给出一定的使用浓度和用量范围。在土壤有机质含量高和土壤含水量偏低的地块,应使用安全浓度的上限值;相反,则应使用下限值。有时用药量和使用浓度是以有效成分给出。有效成分是指纯药量或纯药百分率。例如,40%的阿特拉津悬浮剂,每667平方米用有效成分80毫升对水30升喷雾。

使用除草剂要特别注意喷匀,不要漏喷;苗后用药不要喷到玉米上,以免对玉米产生伤害。

总之,使用前要认真仔细地阅读说明书,严格按说明书的要求用药,绝不能随意扩大用药量和使用范围,以免造成药害,带来不必要的损失。

(四)灌溉抗旱 玉米虽属耐旱作物,但由于茎秆高大粗壮,叶片肥厚,生育期中生产大量的有机物,需要消耗大量水分,任何时期的缺水都可对其生育期造成不良影响。因此,生长过程中遇到干旱要及时浇水,否则将会影响产量。由于玉米每个生育阶段所处的气候情况不同,植株大小和太阳直晒地面多少不同,使得玉米在不同生育阶段有不同的需水特点。

1. 玉米的阶段需水特点 玉米不同生育阶段的需水量有明显的差异(表 3-1)。

表 3 - 1 玉米不同生育阶段需水特点

项　目	播种至拔节	拔节至抽雄	抽雄至灌浆	灌浆至成熟	全生育期
天　数	25	26	10	26	87
需水量(毫米)	88.80	104.70	60.20	92.82	345.80
占总量的百分率	25.5	30.3	17.4	26.8	100
日均需水量(毫米)	3.52	4.03	6.02	3.49	3.97
日均需水百分率	1.02	1.16	1.74	1.01	1.15
棵间蒸发量(毫米)	53.40	56.10	23.55	36.60	169.65
植株蒸发量(毫米)	34.68	48.60	36.65	56.22	176.15
蒸腾/需水量(%)	39.37	46.42	60.88	60.57	50.94

注:日均需水百分率=日均需水量÷全生育期需水量×100%

从表 3-1 中可以看出,拔节至抽雄的需水量最多,占全生育期的 30.3%。抽雄至灌浆阶段时间短,虽然阶段需水量最少,仅占全生育期的 17.4%,但日均需水量和日均需水百分率却是最高的,平均每 667 平方米每日需水量高达 6.02 毫米,占全生育期总需水量的 1.74%;其次为拔节至抽雄期,日均需水 4.03 毫米,是全生育期的 1.16%。综上所述,说明拔节至灌浆期供给充足的水分对玉米非常重要。

2. 青贮玉米灌溉的技术要点 从玉米生长发育的需要和对产量影响较大的时期来看,一般应浇好造墒水、拔节水、抽雄水和灌浆水。各地要因地制宜,灵活应用。

(1)造墒水 播种时,良好的土壤墒情是实现苗全、苗齐、苗壮、苗匀的保证。若土壤墒情不足或不匀进行播种,势必造成缺苗断垄,或苗的大小参差不齐,弱小株多,空秆率高,这样的群体要想获得高产是不可能的。玉米播种适宜的土壤水分为田间持水量的 65%～75% 之间。我国北方春玉米区和黄淮夏玉米区玉米播种期常发生干旱,播种时若土壤含水量低于田间持水量的 65%,必须造墒后播种,夏玉米也可播后浇"蒙头水"。

春玉米区最好进行冬灌和早春及时保墒。冬灌要浇足浇透。夏播或套种玉米可结合浇麦黄水一并进行。灌水量一般每 667 平方米 50～60 立方米。如果浇蒙头水,一般每 667 平方米浇水 40～50 立方米。

(2)拔节水　玉米苗期植株较小,耐旱、怕涝,适宜的土壤水分为田间持水量的 60%～65% 之间,一般情况下可以不浇水。但玉米拔节后,植株生长旺盛,雄穗和雌穗开始分化,需水量增加,拔节时若土壤含水量低于田间持水量的 65%,就要浇水,一般每 667 平方米浇水量 55 立方米左右。浇拔节水有利于茎叶和雌穗生长以及小花分化,可以减少空秆,增加穗粒数。

(3)抽雄水　玉米抽雄开花期前后,气温高,叶面积大,蒸腾蒸发旺盛,是玉米一生中需水量最多、对水分最敏感的时期。这时适宜的土壤含水量为田间持水量的 70%～80%,低于 70% 就要浇水,每 667 平方米浇 55～60 立方米。这时灌溉,可以提高玉米花粉和花丝的生活力,有利于授粉结粒;可以延长叶片的功能期,提高光合能力,增加干物质生产;有利于籽粒灌浆,减少籽粒败育,提高青贮产量和营养价值。灌抽雄水一定要及时、灌足,不能等天靠雨,若发现叶片萎蔫再灌水就晚了。据试验,抽雄穗前后短期干旱,引起叶片萎蔫 1～2 天再灌水的,也会减产 20%。

(4)灌浆水 籽粒灌浆期间仍需要较多的水分。适宜的土壤含水量为田间持水量的 70%～75%,低于 70%就要灌水。一般情况下每 667 平方米灌水 55 立方米左右。这时灌溉可以防止植株早衰,保持较多的绿叶数,维持较高的光合作用;可以延长籽粒灌浆时间和提高灌浆速度,有利于提高粒重。

夏玉米生长期间的耗水量在 400 毫米左右,如果采用秸秆覆盖,可以减少棵间蒸发 40～50 毫米,其总蒸散量在 350～360 毫米。多雨年份的降水量能满足其需水要求,常年的降水条件也基本能满足夏玉米的需水要求。由于玉米种植带大多年份冬季干旱少雨雪,而 6 月份降水少,玉米出苗时,必须灌溉。无论多雨还是少雨年份,玉米的苗期必须灌溉。在少雨年份除了苗期以外,还要根据实际情况,在大喇叭口期和吐丝灌浆前期灌水。夏玉米是对水分较敏感的作物,其生长期间多灌的水分还能贮存在土壤中,为冬小麦所利用。

3. 节水灌溉技术 由于我国水资源不足,尤其在北方,青贮玉米的苗期正是少雨季节,为确保青贮玉米高产,必须推广节水灌溉。其措施如下。

(1)修建节水渠道 其方法是先加厚夯实渠埂,然后在渠沟里铺一层塑料布。这是防水渗漏的最佳措施,一般可节约用水 23%～30%。

(2)因地制宜,改进灌溉方法 对水源比较丰富、宽垄窄畦、地面平整的地块,可采取两水夹浇的方法;对地势一头高一头低的地块,可采取修筑高水渠的方法,把水先送到地势高的一头,然后让水顺着地势往低处流;对水源缺乏的地方,可采用穴浇点播的方法,播前先挖好穴,然后再挑水穴浇进行点播,一般可节约灌水 80%～90%。

(3)推广沟灌或隔沟灌 玉米为高秆作物,种植行距较宽,采用沟灌非常方便。沟灌除了省水外,还能较好地保持耕层土壤团粒结构,改善土壤通气状况,促进根系发育,增强抗倒伏能力。沟长可取 50～100 米,沟与沟间距为 80 厘米左右,水沟流量以 2～3 升/秒为宜,流量过大过小,都会造成浪费。隔沟灌可进一步提高节水效果,可结合玉米宽窄行采用隔沟灌水,即在宽行开沟灌水。每次灌水定额仅为 20～25 立方米,这种方法既省工又省水。

(4)管道输水灌溉 采用管道输水可减少渗漏损失、提高水的利用率。目前采用的一般有地下水硬塑料管,地上软塑料管,一端接在水泵口上,另一端延伸到玉米畦田远端,灌水时,挪动管道出水口,边灌边退。这种移动式管道灌溉,不仅省水,功效也较高。

(5)喷灌 喷灌是用一定的压力将水经过田间的管道和喷头喷向空中,使水经拨打后散成细小的水珠,像降雨一样均匀地喷洒在植株和地面上的灌溉方法。它是一种比较先进的灌溉技术,具有省水、省工、省地、保土及适应性强的优点。一般可节水 30%～50%(图 3-11)。

生产中具体采用哪种方式灌溉,应根据具体情况具体分析。在降水量能基本满足的地区,由于发生干旱的几率较低,水源较充足,一般可采用传统的沟灌或畦灌的方法。在半干旱和干旱地区,大部分年份内,降水量无法满足玉米生长和发育的需要,水资源又非常紧缺,为节约用水,可采用喷灌的方式。

(五)防止倒伏 青贮玉米在大田中常有倒伏现象发生。玉米倒伏有三种情况,即茎倒伏、根倒伏、茎倒折,不仅影响产量,而且对青贮玉米饲料的品质造成影响。因此,要加强防治,减轻倒伏,减少损失。

图 3-11 玉米喷灌节水技术

1. 玉米倒伏的原因 ①氮、磷、钾配合不合理,氮肥过多,植株长势繁茂,易造成徒长;②灌水不合理,苗期受涝,拔节前后肥水供应多;③自然灾害,如大风、冰雹等也会造成倒伏;④植株密植过大,发育不良,高而细弱,节间长,机械组织不发达;⑤病虫危害,如玉米螟幼虫蛀食茎秆造成孔洞,茎腐病危害茎秆等。

2. 防治玉米倒伏的措施 ①选用本身抗倒伏能力强的品种。②铲前耥一犁或深松,放寒增温,蓄水保墒,活化土壤,促进根系良好发育。③加强中耕,早间草、早定苗,促苗早发快长,尤其拔节期后做中耕培土,能使玉米产生大量的支持根,增强抗倒伏的能力。④科学施肥,基肥、种肥、追肥结合,以基肥为主,追肥不宜过多、过早;氮肥、磷肥、钾肥结合,特别是磷、钾肥;有机肥(农家肥)、化肥、微肥结合,为玉米良好发育打好基础。⑤合理密植,一般每 667 平方米保苗株数

4 000～6 000 株,通过合理密植,可以改善植株个体发育,协调优化个体与群体之间的生育状况,对减轻倒伏很有好处。⑥苗期蹲苗,能使地上部节间缩短,根系入土深广。⑦在玉米抽雄时,可用玉米健壮素(每 667 平方米 50 毫升对水 75 升)喷洒上部叶片,能抑制茎秆节间伸长,促进茎秆增粗,根系发达,增强抗倒伏能力。

3. 玉米倒伏后的管理措施

(1)人工扶直 玉米倒后立即人工扶直。玉米茎基部第一、第二节间比较脆弱,加之已有部分根系受损,扶直时要防止折断和损伤根系。可 1 人扶直另 1 人根部培土。应设法随倒随扶,拖延时间不但难以扶起也会增加损失。对倒伏不甚严重的玉米,由于植株自身调节能力强,一般能直立起来,茎叶空间排列也能基本合理。

(2)加强水肥管理 倒伏的玉米由于光合作用差,生理功能受到扰乱,影响灌浆结实。对只追 1 次肥的田块,可再追 1 次肥。如果第一次追肥未施磷、钾肥,可用 1.4% 丰产素 5 000 倍液喷洒植株,有利于蛋白质和叶绿素的合成,增加玉米籽粒饱满度。

(3)注意防治病虫害 玉米倒伏后,往往发生病害。叶部病害如玉米大、小斑病、锈病等。发病初期叶片出现水渍状青灰色斑点。可用 50% 敌菌灵 500 倍液或 75% 百菌清 300 倍液喷施。每隔 7～10 天 1 次,连喷 2～3 次。每公顷用石灰粉 225～300 千克拌细土 750 千克,均匀撒施田间,能有效地防止病害的发生和蔓延。适时防治玉米螟,当玉米呈喇叭口时每公顷用 3% 辛硫磷颗粒剂 3 750 克掺细沙 75～105 千克撒入心叶。

(六)防止玉米低温障碍

1. 症状 玉米原产于热带,是一种喜温作物,对温度要求较高。一些年份由于气温低,常使玉米产生低温冷害。播种至出苗遇有低温,出现出苗推迟,苗弱、瘦小,种子发芽率、发芽势降低等现象,且对植株功能叶片的生长有阻碍作用。四展叶期,植株明显矮小,表现生长延缓,光合作用强度、植株功能叶片的有效叶面积显著降低;四展叶期至吐丝期,低温持续时间长,株高、茎秆粗、叶面积及单株干物质重量受到影响;吐丝至成熟期,低温造成有效积温不够;灌浆期,低温使植株干物质积累速率减缓,灌浆速度下降,造成减产。

2. 病因 从玉米整个生育期来看,芽期、苗期、灌浆期对低温敏感性很大。苗期低温降低了光合作用强度,影响植株生长。即使温度恢复后仍有一定的低温后效作用,然后逐渐恢复。同时,低温下植株功能叶片的生长受到抑制,影响了植株总的有效叶面积,致使光合生产率下降。播种至出苗期需有效积温 79.4℃,日平均气温 12.8℃~16.8℃产量高,高于或低于这个温度都会减产。生产上播种至出苗平均气温升高或降低 1℃,每 667 平方米产量就会增加或减少 10.6 千克。出苗至吐丝期,进入了玉米生长发育的旺盛阶段,尤其进入拔节期以后,温度升高生长发育快,有利于株高、茎粗、叶面积和单位干物质重量的增加。平均气温低于 23.9℃,就会受到影响,低于 23℃就会减产。吐丝至成熟是产量形成的重要时期,仍需较高温度。从开始吐丝至吐丝后 13 天是籽粒缓慢增重时期,吐丝后 14~45 天是籽粒快速增重阶段,灌浆速度直线上升,46 天后至成熟又转到籽粒缓慢增重阶段。此间平均气温提高或降低 1℃,则每 667 平方米产量可增加或减少 76.6 千克。看来吐丝至成熟期间气温变化,尤其气温偏低对产量影响比播种至出苗期还要大。

3. 防治方法

第一,玉米品种间耐低温差异很大,故应因地制宜选用适合当地的耐低温高产优质玉米良种。

第二,严格依据气候区划科学地确定播种期,适期早播,使各生育阶段温度指标得到满足。如播种至出苗气温最好为12.8℃~16.8℃,不要低于10℃;出苗至吐丝平均气温高于24℃为宜,不要低于23℃;吐丝至成熟需要较高温度,以利光合作用进行,尤其灌溉后期气温偏高昼夜温差大有利于干物质积累;籽粒形成至灌浆期处于7月份,气温高于23℃,约需积温300℃,一般能满足。吐丝后13~45天进入快速增长阶段,需积温1 000℃,气温20℃能顺利完成。生产上播种晚的(一般6月份以后播种),进入籽粒快速增长阶段平均气温低于20℃或更低,积温仅910℃,不能满足灌浆成熟需要,这样低温对产量影响比较大。因此,必须确定适合当地能满足玉米生育后期对温度需要的播种期,做到适期早播。

第三,苗期施用磷肥能改善玉米生长环境,对减缓低温冷害有一定效果。也可用禾欣液肥50毫升,对水500毫升拌种,可提高抗寒力。还可用生物钾肥500克对水250毫升拌种,稍加阴干后播种,以增强抗逆性。

第四,必要时选用育苗移栽。

第五,提倡采用玉米覆盖地膜栽培法。

青贮玉米在生长过程中会遇到各种各样的病害和虫害,一定要及时防治,否则将会影响产量,更重要的是病菌和虫卵遗留在土壤中,影响以后玉米的种植。

第四章 青贮方式与青贮窖的建造

一、青贮的主要方式

青贮的方式按位置分为地上式、地下式、半地下式。按形状可分为圆形窖、沟形窖（壕）以及青贮塔。也可用青贮袋进行青贮，或在排水好、地势高的水泥地上用塑料膜进行少量的地上青贮。

（一）青贮壕 青贮壕有地下式和半地下式两种。实践中多采用地下式，以长方形的青贮壕为好（图4-1）。青贮壕的

图 4-1 简易地下式青贮壕 （彭长江摄）

优点是便于人工或机具装填压紧和取料，并可从一端开窖取用，对建筑材料要求不高，造价低。缺点是密封性较差，养分

损失较多,需耗较多的劳力。

1. 选址　青贮壕应建在地势较高、地下水位较低、避风向阳、排水性好、距畜舍近的地方。地下水位高的地方采用半地下式,地面倾斜以利排水,最好用砖石砌成永久性壕,以保证密封性能和提高青贮效果。

2. 挖壕　壕宽、深按 1∶1 的比例来挖,根据青贮量的大小选择合适的规格,常用的有 1.5 米×1.5 米、2 米×2 米、3 米×3 米等多种,长度应根据青贮量的多少来决定。壕口上下一致或上大下小。壕壁要平,不要有凹凸,有凹凸则饲料下沉后易出现空隙,使饲料发霉。侧壁与底界最好挖成弧形,以防留有空隙而饲料霉烂。壕的一端挖成 30°的斜坡以利青贮饲料的取用。

青贮壕根据使用年限不同分临时性壕和永久性壕两种。临时性壕多为土壕,挖好后在底面及四周加一层无毒聚乙烯塑料薄膜,使用 1 年后,第二年需修壕壁才能使用(图 4-2)。

图 4-2　青贮壕内垫一层塑料薄膜以防进水
(彭长江摄)

若长期使用,最好用水泥、砖、石头等修砌成永久性壕。永久性壕虽然一次性投资较大,但可减免每年修挖的麻烦。

(二)青贮窖 青贮窖和青贮壕结构基本相似,分为地下式和半地下式两种。地下式青贮窖其宽与深之比以 $1:1.5\sim2$ 为宜,窖的长度和个数根据家畜的头数和饲料多少来决定,窖的四周与底部用砖、混凝土砌成(图 4-3)。要求青贮窖坚固结实,不漏气,不漏水。青贮窖内部要光滑平坦,使青贮原料摊布均匀,不留间隙。

图 4-3 地下式青贮窖

半地下式青贮窖选地势较高、地下水位低、地面不易积水的地方建造(可直接建在玉米地),夯实窖壁、窖底,并铺裱塑料薄膜。原料入窖前 $5\sim7$ 天建成。多建成长方形窖(图 4-4)。青贮窖大小依据家畜存栏量确定。也可用砖石砌成,深 $3\sim4$ 米,上大下小,底部呈弧形,容积为 $10\sim30$ 立方米。

(三)青贮塔 该方法适宜于大型奶牛饲养场或奶牛养殖比较集中的地方,用砖和水泥建成圆形塔。塔高 $12\sim14$ 米,

图4-4 半地下式青贮窖 （彭长江摄）

直径3.5～6米。在一侧每隔2米留0.6米×0.6米的窗口，以便装取饲料。有条件的地方可用不锈钢、硬质塑料或水泥筑成永久性大型塔，坚固耐用，密封性好（图4-5）。塔内装满

图4-5 塔式青贮

饲料后,发酵过程中受饲料自重的挤压而有汁液沉向塔底,为排出汁液,底部要有排液装置。塔顶的呼吸装置使塔内气体在膨胀和收缩时保持常压。取用青贮饲料通常采用人工作业和取饲机等多种方式。

(四)青贮袋 该方法是把切碎的秸秆通过高压灌装机装入塑料拉伸膜制成的青贮袋里进行密封保存。1只33米长的青贮袋可灌装100吨秸秆。从制作成本来看,袋式青贮要低于窖式青贮。以调制100吨合格青贮饲料量的制作成本为比较单元,袋式青贮要比窖式青贮减少1 000多元。这种技术可青贮含水率高达60%～65%的秸秆,更多地保留了原料营养,并且不受季节、日晒、降雨和地下水位的影响,可在露天堆放,青贮饲料保存期可长达1～2年,且损失率极小(图4-6)。

图4-6 袋式青贮

农户青贮可选用宽80～100厘米、厚0.8～1毫米的塑料薄膜,以热压法制成约200厘米长的袋子(最好内衬相同尺寸的编织袋,以增加强度)。每袋装填原料120～150千克,以便于运输和饲喂。原料含水量应控制在60%左右,以免造成袋内积水。当装满压实后,尽量排除袋内空气,用细绳将袋口扎紧。此法优点是省工、投资少、操作方便和存放地点灵活,且养分损失少,还可以商品化生产。

(五)打捆裹包青贮 用打捆机将新收获的玉米青绿茎秆打捆,利用塑料密封发酵而成,含水量控制在 65％左右。有以下几种形式。

1. 草捆装袋青贮 将秸秆打成捆后装入塑料袋,系紧袋口密封堆垛。

2. 缠裹式青贮 用高拉力塑料膜缠裹成捆,使草与空气隔绝,内部残留空气少,有利于厌氧发酵。这种方法免去了装袋、系口等手续,生产效率高,便于运输(图 4-7)。

图 4-7 缠裹式青贮

3. 堆式圆捆青贮 将秸秆压紧成垛后,再用大块结实塑料布盖严,顶部用土或沙袋压实,使其不能透气。但堆垛不宜过大,每个秸垛打开饲喂时,需在 1 周之内喂完,以防二次发酵变质。目前,我国已有几个厂家研制生产自动、半自动打捆裹包机。

(六)地面青贮 一种形式是在地下水位较高的地方采用砖壁结构的地上青贮窖,其壁高 2～3 米,顶部隆起,以免受季节性降水的影响。装填时将饲草逐层压实,顶部用塑料薄膜密封,然后堆垛并在其上压以重物。另一种形式是堆贮。堆贮应选择地势较高而平坦的地块,先铺盖一层旧塑料薄膜,再铺一块稍大于堆底面积的塑料薄膜,然后堆放青贮原料,逐层压紧,垛顶和四周用完整的塑料薄膜覆盖,四周与垛底的塑料薄膜重叠,用竹竿或木棍做轴卷紧封闭。压上旧轮胎等重物,尽量排净空气。塑料膜外面用草帘覆盖保护(图4-8)。

图4-8 地面青贮

(七)其他青贮方法 为了提高青贮饲料的营养价值,满足草食动物对蛋白质和矿物质的需求,可在青贮时添加外源性营养物,其基本方法是在青贮时将尿素和食盐(外源性营养物)与青贮原料混匀,能明显提高其营养价值(图4-9)。

1. 高蛋白质饲料半干青贮 多用豆科牧草或豆科作物制作。在每吨原料中加入2.8~3.5千克85%~90%的甲酸,或14升糖蜜,或3.5~4.5千克甲酸钙或偏亚硫酸氢钠,与切碎原料拌均匀。原料含水量为40%~50%,其他加工过

图 4-9　加营养盐青贮增加矿物质元素
（彭长江摄）

程相同，温度保持在 30℃以下。

2.尿素青贮饲料
制作青贮加入尿素称为尿素青贮，此法原料必须含糖充足，如全株玉米。尿素的添加可提高蛋白质含量，又安全稳妥，适口性好。添加量（按鲜重计）为：玉米秸秆添加尿素 0.5％，食盐 0.3％；带苞整株玉米秸秆分别添加 0.5％～0.7％和 0.3％；也可按 0.3％的比例在装填过程中均匀撒入尿素（限牛、羊等反刍动物使用，如图 4-10 所示）。尿素可均匀撒在原料上，也可配成一定浓度的水溶液喷入原料中，一般每吨青贮原料加 5～10 千克尿素，下层少用，上层可逐渐增加。

图 4-10　添加尿素青贮，增加氮含量　（彭长江摄）

3. 微贮技术

(1)技术原理　该技术应用的微生物青贮剂(图 4-11)，亦称青贮接种菌,是专门用于饲料青贮的一类微生物添加剂。由 2种以上乳酸菌、丙酸菌、复合酶、细菌生长促进剂等多种成分组成,主要作用是有目的地调节青贮原料内微生物区系,调控青贮发酵过程,促进乳酸菌大量繁殖,更快地产生乳酸,抑制其他杂菌的生长,促进多糖与粗纤维

图 4-11　青贮用微生物制剂

的转化,从而有效地提高青贮饲料的质量。该法操作简便,不仅适宜于青贮,也适宜于其他原料制作的发酵饲料。装窖时将微生物菌剂按要求配制成液体均匀地喷洒在切碎的青贮原料上,每装 1 层喷洒 1 次,压实。试验结果表明,与对照组相比,用微生物青贮添加剂处理全株玉米,每吨玉米青贮饲料可使肉牛多增重 6 千克以上,奶牛多产奶 30 千克以上,效果显著。

(2)优点

第一,微生物青贮剂添加到青贮饲料中,其中的乳酸菌快速主导发酵,加速发酵进程,产生更多的乳酸,使 pH 值快速下降,限制植物酶的活性,抑制粗蛋白质降解成非蛋白氮,减少蛋白质的损失。

第二,减少了青贮饲料干物质损失率 1%～2%,同时还

提高了青贮饲料的消化率。

第三，降低了青贮饲料中乙酸和乙醇的数量，提高了乳酸的含量，改善了适口性，提高了采食量。

4. 青贮复合添加剂 由德国巴斯夫化学公司开发的反刍草食家畜专用营养添加剂——饲用磷酸脲〔$CO(NH_2)_2H_3PO_4$〕，含非蛋白氮 16%，磷 17%，高效、无毒、无害，欧、美、日等发达国家广泛应用于牛、羊类反刍家畜饲养业和青贮饲料中。用于青贮饲料可防腐杀菌，能有效提高品质，降低损耗 15%以上。还可使青贮饲料的营养水平大幅度提高。

用于饲喂奶牛和肉牛、奶山羊和肉羊，效果都非常明显。与正常饲喂水平相比，日产奶量和日增重均能提高 20%，幼畜则能提早成熟 2 个月以上。试验表明，每添加 1 千克磷酸脲可增产奶 15～20 千克。而且奶的乳脂率提高 15%，钙提高 160%，磷提高 260%左右；并可大大消除和减少了泌乳牛肢蹄类疾病的发生。

二、青贮窖的建造

(一)青贮窖(池)的选择

1. 合理选址 青贮窖(池)应建在地势高燥、土质坚实、地下水位低、靠近畜舍、制作和取用青贮饲料方便的地方，注意远离水源和粪坑。如果地下水位高，则选择建造地上式或半地下式。袋式青贮应存放在地势平坦、取用方便的僻静地方，防止畜禽撕咬破坏。如果青贮的量很大而运输又困难时，也可在距离种植青贮玉米较近的地方挖窖进行就地贮藏。

2. 选择合适的青贮窖(池) 青贮窖(池)较多，从质地来分，有水泥的、土坯的、金属的和塑料的；从使用时间来分，有永久性、临时性的；从形状上分，有圆形的、矩形的；从位置上来分，有地下式、半地下式和地上式；从环境来分，有室内的和野外的；从高度来分，有卧式的、塔式的。养殖户应根据自己的情况选择适合自己的建筑形式。养殖大户宜以水泥池、地窖为主，中小户应采取地窖、塑料袋青贮为好。各地可根据当地的实际情况，因地制宜选择一种或几种。

青贮窖（池）的建造要根据实际情况进行选择。如果是短期使用，就在地下水位低的地方建造简易的地壕式的土质青贮窖。挖成后把四周和底部修平，窖底及内壁四周用塑料薄膜垫衬，防止漏水漏气。此种窖的优点是投资少，缺点是浪费较大。如果是长期使用，就建造牢固的砖混青贮池，地下水位低的地方可建造地下式或半地下式，地下水位高的地方可建造地上式的青贮窖，窖的三面用水泥板或红砖铺砌，如果有条件的话，可以建成小单元，这样既可以在青贮时保证在短时间内装满，又可以防止取用时长时间暴露而产生二次发酵（图4-12）。

图4-12　将大的青贮池分成几个小的青贮池　（彭长江摄）

青贮窖既可以建造三壁式的,又可以建成四壁式的。三壁式的青贮窖便于进出料,运输车辆可以直接进入,但不容易封闭;四壁式的青贮窖虽然密闭效果好,但装料取料都很不方便。

（二）青贮窖（池）的容积 根据预计贮存量的多少而决定,并按饲养的牛羊等牲畜头数和饲喂青贮饲料时间的长短来确定青贮窖的容积大小。饲喂青贮饲料期间,每日由窖中取出青贮饲料的厚度不应少于 7 厘米,这样才能保证家畜每天吃到新鲜的青贮饲料。如家畜的头数少,青贮窖的容积太大,每日不能均匀地取出 1 层,则表面的青贮饲料将很容易引起二次发酵,导致霉变或干枯现象。因此,青贮窖的大小必须适宜。

青贮窖（池）的容积可根据原料种类和含水量、饲养牛（羊）数以及群体每日采食量、全年饲喂青贮饲料还是只在冬、春季节缺青草时饲喂等许多因素来确定。例如,根据全群采食量,以每日取出 7～9 厘米厚的青贮饲料为最佳选择来确定青贮窖的横断面积(图 4-13)。

图 4-13 根据青贮量的多少确定青贮池的大小 （彭长江摄）

一般来说,1只山羊每天需青饲料 4～5 千克,全年需青饲料 1 400～1 800 千克。淮河以南地区冬、春枯草季节大约 100 天,每只山羊至少需青贮玉米及其他青饲料 400～500 千克。玉米秸秆青贮容重约 550 千克/米^3,即 1 只山羊在枯草季节需青贮饲料大约 1 立方米,如果全年都饲喂青贮饲料,则每只山羊至少需青贮 3.3 立方米的饲料。对于高产奶牛来说,每天采食的青贮饲料在 30 千克左右,每年的青贮饲料需要量为 10 950 千克,即所需的青贮饲料约 20 立方米。

(三)青贮窖(池)的建筑要求

第一,建筑结构牢固合理。按建筑标准施工,采用砖石水泥结构,墙壁上宽下窄,保证承受足够的压力,地上式青贮池每隔 2 米在外周建一上窄下宽的楔形墙垛加固墙体(图 4-14);池内墙壁必须保持密闭状态。无论什么材料构成的青贮容器,必须保证窖壁严密不透气,密封性好,无透气孔、缝,这

图 4-14　池壁外侧用楔形墙垛加固墙体

是制作优良青贮饲料的首要条件。如密封不严，将导致青贮饲料霉变或降低品质。

第二，如果是砖混结构的青贮池，缝隙间用1∶3的水泥沙浆勾缝。为保持窖壁的坚固，一般沟形窖上口的宽度略大于底部，使窖壁稍具坡度。底部用水泥混凝土铺底打平，内壁平滑，保证四周不透气、不漏水、密封性好。不要建梯级设施，否则会阻碍青贮料的下沉，形成缝隙而导致青贮饲料的霉变。池的底角和周边角线做成圆弧形，池口开在顺路一端，宽度以1.2～1.5米为宜，并用若干块木板或水泥板封口，以方便制作和取用。若贮量过大，可将一个大池分隔成若干小池，以保证在规定的时间内完成封顶。底部中间或两端各留一排水孔或排水沟（图4-15）。

图4-15 青贮池的内部构造 （彭长江摄）

第三,地下式或半地下式青贮窖的底部必须高出地下水位1～2米,并在窖的底部及四周挖好排水沟,防止地面水流入窖内,并能及时排除窖内积水(图4-16)。

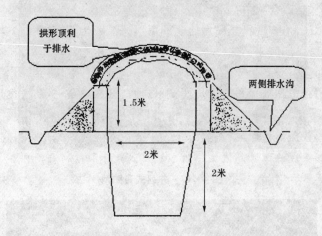

拱形顶利于排水

两侧排水沟

1.5米

2米

2米

图4-16 地下式和半地下式青贮窖的防水结构

第四,为方便作业,大型奶牛养殖场可建成三壁式大型青贮池,可以将运输工具直接开进池内。要争取在短时期内尽快装满,并完成封顶。中小型养殖户宜建小型连池,单位设施一般贮量在5～10立方米为宜(图4-17)。既可以取料方便,又不容易导致二次发酵,减少青贮饲料损失。忌建大池、特大池。

第五,建造土窖时,应于制作青贮饲料前1～2天挖好,地窖挖成后要将窖壁夯紧实,经过适当晾晒,可减少土壤含水量,增加窖壁的坚硬度(图4-18),但也不宜曝晒过久,以免窖壁干裂而漏气,影响青贮饲料品质。遇雨季可随挖随贮。

为使窖壁有相对的稳固性,除内壁尽可能做得陡峭外,外

图 4-17　并列式青贮池

图 4-18　夯实窖壁,增强硬度　(彭长江摄)

壁应有一定的坡度。窖壁顶部的宽度以不少于 1.5 米为宜。

如条件许可,可用水泥板或木板等衬垫窖壁内侧,使内壁尽可能筑成较小的坡度,既有利于青贮料的压实下沉,又能增加容量。

建成的土窖用聚乙烯塑料薄膜进行铺底、护壁、封顶。既可以防止漏气,又可以防止混入泥土。为了有利于排出及收集青贮玉米原料中的渗出汁液,窖底要挖排水沟或做成一定的坡度,让汁液流到贮存池中。防止窖底的青贮饲料因汁液浸渍而变质。

土窖不可挖在靠近水塘、粪池等处,以免污水渗入,造成青贮饲料的霉变。地下窖的窖底与地下水位最少要保持1米的距离,以免窖内渗水。地下水位高的地方,青贮窖可建在山边,在靠山一边的上侧和土窖周围筑截流排水沟。在窖外壁周围种植草,可有效地控制雨水和地面水等对窖壁外侧和顶部的侵蚀,增强窖壁坚固性。

第五章　青贮专用玉米的
收割与青贮制作

一、适时收割

　　青饲青贮玉米的适期收获是非常重要的,优质的青贮原料是调制优良青贮饲料的物质基础。青贮饲料的营养价值,除与原料的种类和品种有关外,还受收割时期的直接影响。适时收割能获得较高的收获量和优质的营养价值。从理论上讲,玉米的适宜收割期在抽雄期前后,但收割适期仍要根据实际需要,因地制宜通过试验确定,适时收割。

　　专用青贮玉米即带穗全株青贮玉米,过去提倡采用植株高大、较晚熟品种,在乳熟期至蜡熟期收割。现在多采用在初霜期来临前能够达到蜡熟末期并适宜收获的品种。在蜡熟末期收获虽然消化率有所降低,但单位面积的可消化养分总量却有所增加(表5-1)。这是因为在收获物中增加了营养价值

表5-1　青贮玉米不同收获期的营养含量及消化率　(%)

收获期	干物质	粗蛋白质		粗脂肪		粗纤维		无氮浸出物	
		含量	消化率	含量	消化率	含量	消化率	含量	消化率
抽雄期	15.0	1.6	61	0.3	69	4.2	64	7.8	15
乳熟期	19.9	1.6	59	0.5	73	5.1	62	11.6	19.9
蜡熟期	26.9	2.1	59	0.7	79	6.2	62	11.6	26.9
完熟期	37.7	3.0	58	1.0	78	7.8	62	24.2	37.2

很高的子实部分。早熟品种干物质中籽粒含量为50%,中熟品种为32.8%,晚熟品种只有25%左右。籽粒做粮食或精料,秸秆做青贮原料的兼用玉米,多选用在籽粒成熟时其茎秆和叶片大部分呈绿色的杂交种,在蜡熟末期及时采摘果穗,抢收茎秆青贮。

另有一种判断最适收获期的方法是根据植株含水量,最适收获期是在含水量为65%～70%。用这一含水范围内的玉米制作的青贮饲料也非常适合长期保存(图5-1)。

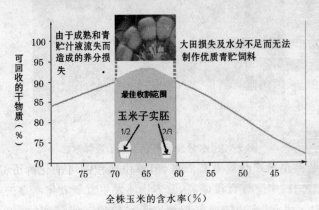

图5-1 玉米含水量与干物质收获量的关系

如果收割时全株玉米的含水量在70%以上,则由于汁液的流失易造成养分的损失、青贮玉米的酸度增加,导致奶牛干物质采食量的下降,同时也降低了玉米产量。如果水分含量低于60%,青贮玉米不易压实,由于空气含量高而常引起褐变;另一方面,由于水分含量低,乙酸菌繁殖慢,酸度低,杂菌生长快易引起发霉变质。

这种理想的含水量在半乳线阶段至1/4乳线阶段出现

（即乳线下移到籽粒 1/2 至 3/4 阶段）。若在玉米含水量高于 70％或在半乳线阶段之前收获，干物质积累就没有达到最大量，此时青贮易造成液体渗漏，影响青贮饲料品质（图 5-2）；若在玉米含水量降到 65％以下或籽粒乳线消失后收获，茎叶

图 5-2　水分含量高而引起的液体渗出

会老化而导致产量损失。低水分青贮原料不易压实，还可使青贮饲料中空气含量偏高，营养物质发生有氧氧化而损失（图 5-3）。因此，收获前应仔细观察乳线位置。如果青饲青贮玉米能在短期内收完，则可以等到 1/4 乳线阶段收获。但如果需 1 周或更长时间收完，则可以在半乳线阶段至 1/4 乳线阶段收获。

对于粮饲兼用型玉米，青贮玉米秸应在玉米籽粒成熟后立即收割。这时玉米秸下部只有少数叶变黄，含水量在 65％左右，适合青贮。如果收割较晚，玉米秸尚青绿，但叶片已变黄，此时全株含水量约 50％，尚可青贮，青贮时可稍洒水。最好只用茎的上半部青贮，在玉米籽粒刚成熟时先收割穗轴以

图 5-3　水分含量低发生氧化反应而引起的褐变

上的玉米梢青贮(削尖青贮),则质量较好。

　　研究表明,高油 115 玉米春播粮饲兼用适收期在吐丝后 60 天前后,此时收获既可保证籽粒的成熟度,又可保证青贮饲料质量。该品种夏播收获专用青贮玉米适宜收割期为吐丝后 23～30 天,即乳熟末期。此时植株的含水量一般在65%～70%,制作青贮最为适宜。

　　下面介绍两种估计水分含量的方法。

　　第一,手工粗略估计青贮玉米含水量的方法见表 5-2。

表 5-2　手工估计粗料(包括青贮饲料)的含水量

用手挤压粗料(包括青贮饲料)	水分含量(%)
水很易挤出,饲料成形	>80
水刚能挤出,饲料成形	75～80
只能挤出少许一点水(或无法挤出),但饲料成形	70～75
无法挤出水,饲料慢慢分开	60～70
无法挤出水,饲料很快分开	<60

第二，用微波炉测定粗料含水量。粗料干物质可用比较便宜的微波炉和天平（最好是电子秤）进行测定。

下面是测定的方法。

第一，首先称一下微波炉使用安全能容纳100～200克粗料的容器重量，记录重量（WC）。

第二，称100～200克粗料（WW），放置在容器内。

第三，在微波炉内，用玻璃杯另放置200毫升水，用于吸收额外的热量以避免样品着火。

第四，把微波炉调到最大挡的80％～90％，设置5分钟，再次称重，并记录重量。

第五，重复设置5分钟，直到两次之间的重量相差在5克以内。

第六，把微波炉调到最大挡的30％～40％，设置1分钟，再次称重并记录重量（图5-4）。

第七，重复设置1分钟，直到两次之间的重量相差在1克以内，这时称得的重量是样品粗料干物质重量（WD）。

第八，计算粗料的含水率。

含水率（DM）％＝［粗料重量（WW）－干物质重量（WD）］÷粗料重量（WW）×100％

在烘烤过程中，如果饲料样品不幸着火，应立即关闭微波炉，拔掉电源插头。但在样品没有彻底烧完之前不要打开炉门。

二、收获方法

秸秆收获的基本要求是采用玉米秸秆绿色和黄绿色部分，而将基部黄色的茎叶和带有泥沙、变质、霉烂的部分除去。

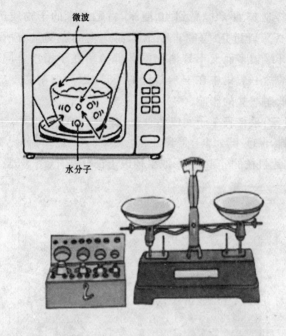

图 5-4　用微波炉和天平简易测定玉米秸秆的含水量

（一）刈割收获（青饲玉米）　墨西哥玉米株高长到 1 米，可进行第一次刈割。或苗高 40～50 厘米时，可割第一次青草，以后每隔 30 天左右、苗高 50～60 厘米割再生草 1 次。割第一次草时，应注意留茬高 10～15 厘米，以后每割草 1 次，留茬高度均要在前一次的基础上增加 2 厘米左右，注意不要割掉生长点，以利再生。刈割的青玉米含水量较高，一般达到 80% 以上，如果进行青贮，需晾晒 1～2 天，待水分含量达到 60%～70% 时方可青贮。

（二）采带苞整株（粮饲兼用型）　在乳熟末期收获最佳，这时玉米秸秆出现 2～4 片黄叶，含水量约为 70%。留茬高度从离地 13 厘米提高到 40 厘米,青贮玉米的干物质产量则减少 15%,但饲喂每吨青贮玉米而产生的产奶量有所上升,因为纤维较多而又不易消化的那部分留在了田里。同时,因为硝酸盐一般集中在玉米秸秆的下部,因而切割高度的提高可降低硝酸盐的影响。

(三)采秸秆 子实成熟收获后,及时收取茎叶黄绿色部分为原料,保证半数以上是青叶,含水量 65%～75%。无搓揉制丝、切片机械的养殖户,采取果穗以上部分秸秆(图 5-5)。

图 5-5 收割上部秸秆用于青贮 (彭长江摄)

(四)采顶尖 玉米果穗蔫丝后,用利刀割取玉米穗三叶以上的顶尖,进行青贮(图 5-6)。

三、收割方式

(一)手工收割 农村青贮以家庭为单位,在自家的房前屋后建造一个或多个青贮窖,容量几立方米到几十立方米,占地面积小,机械化程度低,多采用手工收割。所需工具简单,

图 5-6 采集顶尖后留下的高茬 (彭长江摄)

但效率低。

(二)机械收割 在大型集约化奶牛场里,青贮玉米量很大,青贮时间较为集中,劳动强度大,多采用专业联合收割机进行收割,大大提高了劳动效率和青贮质量(图 5-7)。

图 5-7 大型联合青贮收割机

四、切碎长度

玉米青贮就是指玉米的秸秆和果穗经加工粉碎后,置于密闭的环境中,在适宜的温度、水分、糖分及厌氧的条件下,通过乳酸菌发酵调制的方法。其作用是可以长期保持青绿饲料的优良品质,提高营养价值,增加适口性,减少青饲料的浪费。在玉米秸秆收获后,应及时加工处理。切碎工具有青贮联合收割机、青饲料切碎机和滚筒铡碎机等。加工的方法:①可用秸秆搓揉机将秸秆加工成丝状,青贮后山羊很喜欢吃,采食率大为提高;②用多功能粉碎机处理成片状;③铡成1~2厘米长进行青贮(图5-8)。

图5-8 玉米秸秆铡碎至1~2厘米 (彭长江摄)

用普通切割机切割玉米芯和玉米子实,为了把纤维切成有效长度,有必要切得更短一些。没有粉碎的玉米子实往往未经消化吸收就排出体外,而较大的玉米芯往往剩在食槽的角落。因此,要求超过 2 厘米的玉米青贮不超过总数的5%～10%。

青贮原料切碎,便于压实,能增加饲料密度,提高青贮窖的利用率。切碎利于除掉原料间隙中的空气,使植物细胞渗出汁液润湿饲料表面,有利于乳酸菌的繁殖和青贮饲料品质的提高,同时还便于取用和家畜采食。带果穗全株青贮,切碎过程中可将籽粒打碎,以提高饲料利用率。切碎的程度需根据原料的粗细、硬度、含水量、家畜种类和铡切的工具等决定。一般建议制作青贮的玉米切成 0.94 厘米左右,对牛、羊等反刍动物,将秸秆切成 0.5～2 厘米为宜。

根据全株玉米及玉米子实的含水量、玉米品种等,切割长短可适当变化,范围为 0.63～1.25 厘米之间。玉米子实胚线超过 1/2 及全株玉米含水率小于 65%,则切割的玉米理论长度应为 0.63 厘米,如果收割的玉米尚未成熟,含水率较高或玉米品种的子实结构较软,则切割的玉米理论长度可达 1.25厘米。

五、装　填

青贮原料装入前,要清洁青贮设施。青贮窖底部铺 10～15 厘米厚切断的干秸秆或干草,以便吸收青贮汁液(图 5-9)。窖壁四周需衬 1 层塑料薄膜,以加强密封性能和防止渗漏水。切碎机应置放在青贮窖的旁边,便于切碎的青贮玉米原料由加工机械的出料口直接送入青贮窖内,以减轻劳动强度,防止加工后的原料在窖外曝晒失水。装填时,应逐层装料,每层厚15～20 厘米。要边耙边踩,将切碎的玉米叶、茎秆、果穗等混匀,因为果穗、茎秆等往往都落在靠近切碎机出料口旁,而切

图 5 - 9 装入青贮料前青贮窖底部铺 1 层干草
（彭长江摄）

碎的叶片则被风吹到较远的地方,耙平混匀有利于踩紧压实。踩压时由沿边缘向中间压实,以排出原料空隙间存在的空气,迅速形成有利于乳酸菌繁殖的厌氧环境。压得越紧越好,特别要注意窖壁四周及窖角处的紧密度,以免雨水顺窖壁间留出的空隙流入,造成青贮饲料的霉烂(图 5-10)。有条件的地区可以采用真空青贮技术,即在密封条件下,将原料中的空气用真空泵抽出,为乳酸菌繁殖创造厌氧条件。大型奶牛场用联合收割机切碎,用拖拉机压实。在压实过程中要注意清洁,不要带进泥土、油垢、铁钉、铁丝等,以免污染青贮原料,并可避免牛、羊食后造成瘤胃穿孔,对机器压不到的边角处,仍由人工踩踏。

装填青贮原料要快捷迅速,装填时间越短,青贮质量越好。最好是当日完成封顶,最长不宜超过 2 天。原料装入圆形青贮设备时,要一层一层均匀铺平;如为青贮壕,可酌情分

图 5-10　边装填边踩紧压实　（彭长江摄）

段依次装填。

六、密封与管理

（一）**密封**　当原料装填至与窖口平齐时，继续向上填装，使中间高出池顶 1 米以上，呈圆拱形，一般以 45°为宜，以利排水，并防止青贮原料下沉而造成窖内积水（图 5-11）。圆形窖顶可做成馒头形，其高度应根据窖的大小和窖口宽度而定。装好后，在原料上面盖 1 层 10～20 厘米厚的切断的秸秆或青草、稻草等，而后再覆盖 1 层新薄膜，这样可以保护新薄膜不易被青贮原料中的硬秆刺破，立即密封覆盖，以防止空气与原料接触和雨水进入，再覆上 30～50 厘米厚的细土拍实，上面再覆盖 1～2 层草包片、草席等物。若是青贮池，应在原料装满时，沿池四壁置塑料薄膜 30 厘米深，将剩余部分在顶部交

图 5 - 11　青贮窖顶做成拱形利于排水　（彭长江绘）

叉包裹，用胶带封实，再在上面加盖 1 层塑料薄膜，最后用 20～30 厘米厚泥土或泥沙等加压盖实，防止漏气（图 5-12）。

图 5 - 12　塑料薄膜覆盖并粘合密封　（彭长江摄）

　　也可以在封窖时先覆盖 1 层塑料薄膜，待自然沉降 1 周左右后，将原来密封的薄膜拉紧封严后再覆盖一层薄膜，上面再覆盖 2 层旧草包，用绳网罩住防风。为提高密封程度，塑料薄膜的幅面越宽越好，薄膜接缝必须用粘合剂或粘合胶带进行严格的粘合密封，以防漏气，薄膜与窖接口处必须用砖块等物压紧后再用稀泥封敷,以保证不漏气。密封后用秸秆、砖头等物压在上面,可以保护密封膜免受大风、大雨以及其他外力的破坏(图 5-13)。若是青贮壕,在壕的四周挖好排水沟。7~10 天后青贮饲料下沉幅度较大,压土易出现裂缝,发现后

图 5-13　制作好的青贮窖　(彭长江摄)

要随时封严。密封后须经常检查,如发现漏气要及时修补,并注意防止渗水。

(二)管理　青贮池防水是青贮管理很重要的环节,青贮池里一旦进水将影响青贮玉米的质量,严重者将引起整窖青贮腐烂变质,造成严重的经济损失。防水除了上面介绍的方法之外,也可根据实际条件,利用废旧石棉瓦或塑料薄膜在青贮池上方搭建遮雨棚,防止雨水落入青贮池内(图 5-14)。东北有的地方在料库内建造青贮池(图 5-15),不仅防水,而且可以避免青贮受冻结冰。

除了防水之外还需要注意防鼠,尤其是没有硬化的青贮

图 5-14　在青贮池上搭建遮雨棚

图 5-15　室内青贮

壕、青贮窖(池)、袋式青贮、裹包青贮等易遭到鼠类的侵害,鼠类一旦在青贮窖(池)上打穴做窝,空气就会进入窖内,引起青贮玉米腐烂变质,并逐渐蔓延,造成巨大损失。所以一定要防治鼠害。防治鼠害的方法很多,现着重介绍鼠药灭鼠和鼠夹灭鼠。

1. 鼠药灭鼠 经常观察青贮窖(池)周围覆盖的土,发现有老鼠活动的痕迹,就立即在老鼠出没的地方放置灭鼠药,最好用器皿盛装,并经常检查,看附近是否有死鼠和老鼠活动的新痕迹。如果有死鼠要及时处理,如果3~5天内没有老鼠活动的新痕迹,就收回鼠药并妥善处理,以免被其他家畜家禽误食。整个过程严格看管,不要让儿童接触。

2. 鼠夹灭鼠 在老鼠经常出没的地方放置老鼠夹子,晚上放置,白天收起,严格看管,一旦发现有死鼠就要及时处理,清洗完鼠夹后重新放置,如果3~5天内没有老鼠活动的新痕迹,就收起鼠夹,保存备用。

七、其他青贮的制作要点

(一)塑料袋装填技术要点 塑料袋青贮的操作简便易行,存放方式灵活,且养分损失少,还可以商品化生产。农户青贮可因陋就简,装化肥的袋子和无毒的农用乙烯薄膜袋均可,漏气的袋子可用胶带粘合后使用;也可将2个袋套起来使用,内层为乙烯薄膜袋,外层为化肥袋。塑料袋以不透光或半透光为佳,通常为黑色,或2色(外白内黑)。目前市场上已有专用的青贮袋,强度高,不易老化,可多次重复使用。

塑料膜厚度在0.1~0.12毫米,宽度为1米的直筒式塑料制品,按需要长短剪取,用绳扎紧或塑料热合机封口即成。家庭贮量每袋120~150千克为宜(图5-16)。根据需要装袋大小可以调整。大型奶牛养殖场用专用的青贮袋,1袋可装

100 吨以上(图 5-17)。

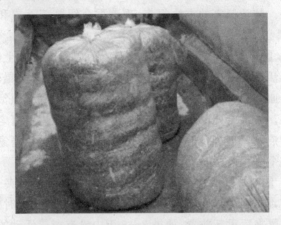

图 5-16　农户用青贮袋　(彭长江摄)

图 5-17　奶牛场专用的青贮袋

青贮原料含水量应控制在 60%左右,以免造成袋内积水。当压实装满后,应尽量排除袋内空气,用细绳将袋口扎紧。需要注意的是,塑料袋口必须捆扎 2 次,以防止漏气。

装好后要堆集在防风、避雨、遮光、不容易遭受损坏的地方,注意防止鼠害和鸟害。有条件的地区可以采用真空青贮技术,即在密封条件下,将原料中的空气用真空泵抽出,为乳酸菌繁殖创造厌氧条件。

(二)地面堆贮的技术要点 地面堆贮节省建窖的投资,贮存地点灵活,是一种经济简单的青贮方式。堆贮应选择地表坚硬(如水泥地面)、地势较高、排水容易、不受地表水浸渍的地方进行。

地面堆贮要根据堆贮地形决定是否铺塑料膜。如果地面是坚硬的水泥地,可以不铺塑料膜;如果是土坪,则应在地上铺 1 层塑料薄膜。为了避免地面硬物将塑料膜戳破,可以在新膜下先铺 1 层旧膜。

堆料时,地上铺的塑料薄膜每边均留出约半米的长度。青贮料大多数堆成梯形,顶部为弧形,以利排水。高度与底部宽度有一定比例,以 1∶5～6 为宜。长度可根据贮量的大小延长。也有堆成馒头状的。地面青贮与窖贮一样需要压实,没有机械条件的也可以用人工踩踏压实(图 5-18)。

待青贮料堆起压实后,用一块完整的塑料薄膜覆盖(按堆垛的大小预先粘合好),并将四周与堆底铺的塑料薄膜留出的膜要重叠粘合(图 5-19)。

堆贮 3～5 天后,待堆内过多的汁液和发酵产生的气体通过顶部的压力,由结合的缝隙中自动排出后,应用不干胶将塑料膜粘合,再用砖块、泥土等压实,严防漏气。薄膜外面用旧草包、草帘等覆盖保护。并应随时检查薄膜的密封程度,如发现薄膜破损应及时修补,以免青贮饲料腐败变质。为了防止

图 5-18　地面堆贮踏紧压实　（彭长江摄）

图 5-19　地面堆贮的封顶　（彭长江摄）

堆贮塑料薄膜到冬季容易变脆破裂，提高青贮效果，也可将堆贮的青贮料用薄膜卷紧以后，放入原先挖好的土沟中埋实，四周及上面用挖出的泥土堆成馒头状，并压紧踏实。采用堆贮的方法,每立方米可贮藏青贮玉米原料 500 千克左右。青贮 10 万千克青贮玉米,一般可堆成顶部 8 米×8 米、底部 10 米 ×10 米、高 2.5 米的梯形青贮堆。

(三)裹包青贮的技术要点 裹包青贮是将切碎的青贮原料用打捆机制成方捆或圆捆后再堆垛密封青贮,或在外面缠裹特制的拉伸塑料薄膜密封保存。该方法对青贮秸秆的要求是含水率 60%～65%,切碎长度为 1～2 厘米。

裹包青贮与传统的青贮窖相比一次性投入小,成本低;不受场地和制作时间限制,技术简单,操作方便,存放地点灵活,室内露天均可存放,并且不受季节、日晒、降雨和地下水位的影响;青贮饲料保存期可长达 1～2 年,不会引起二次发酵,损失率小,成功率高。

裹包青贮水分不易损失,更多地保留了原料中的成分,水分损失极小,一次性装料少,每捆 45～75 千克,用多少,开多少,不易引起浪费,大户小户均可使用。此外,青贮包搬运方便,可以商品化规模化制作。

该方法需要 2 个加工程序:一是打捆,用打捆机将青贮原料挤轧成一定形状的草捆,排除草捆中的空气,相当于传统青贮的压实过程(图 5-20);二是在草捆外包裹塑料薄膜进行密封,相当于传统青贮的覆盖密封过程。或者将打捆后的草捆堆放成垛,垛上再覆盖塑料薄膜进行密封,与传统的青贮方法相比少了装填和压实的过程。

生产实践中,打捆机和裹包机配合使用,流水作业,先打捆,后裹包。打捆时机械的压力一定要足,打捆后要用捆网把草捆固定,以免散开。捆网设在打捆机出口处。打捆后要立即包裹,不要长时间放置,裸露时间不能超过 6 小时。在转移至裹包机时,要适度用力,防止散捆和丢料。要调整好裹包机

图 5 - 20 裹包青贮的打捆过程

的转速,不可太快或太慢,不能漏包或重包,上带膜和下带膜要有一定的重合宽度,保证紧密不漏气,外包膜包裹要紧密适度,不要在捆内残留空气(图 5-21)。

图 5 - 21 打捆青贮的裹包过程

如果存放时间短，在3～6个月内使用，可以露天存放。存放青贮包的地面要平坦，选择水泥地或沙土地，地面上不可有石子等尖锐物，以防刺破包膜。最好在上面盖1层塑料薄膜，以防进水。如果存放时间长，就要在室内存放，以防止日久薄膜老化。在保存过程中要注意观察，注意防鼠灭鼠，发现有漏包或裂口的包要及时处理。奶牛养殖户应用该项技术，可大大提高劳动效率（图5-22）。

图5-22　制作好的青贮包

第六章 青贮玉米的品质评定与饲喂

一、青贮玉米的品质评定

(一)青贮玉米的评定指标 青贮原料装窖密封,经30～50天(高于30℃时30天,低于25℃时50天),可以开窖饲喂。开窖饲喂时,需要对青贮的质量进行现场评定。现场评定,主要是指在青贮设施现场,用感官考察青贮饲料的气味、颜色和质地等来评判其品质的好差。这种方法直接、快速,生产实践中常用。现场评定主要从色泽、酸度、气味、质地、结构5个方面评定,评定标准分为上、中、下三等(表6-1)。

表6-1 青贮玉米质量鉴定等级指标

等级	色泽	酸度	气味	质地	结构
上等	黄绿色、绿色	酸味较多	芳香味	柔软稍湿润	茎叶易分离
中等	黄褐色、黑绿色	酸味中等或较少	芳香稍有酒精味或醋酸味	柔软稍干或水分稍多	茎叶分离困难
下等	黑色、褐色	酸味很少	臭味	干燥或粘结块	茎叶粘结一起并有污染

要鉴定青贮玉米的品质,必须采取正确的采样方法,才能使样品的茎叶比例、发酵水平、水分含量等在结构和质地等方

面都具有代表性。取样时,先将取样部位表面约 30 厘米的料除去,然后用锐利的刀切取 20 厘米左右见方的青贮饲料样品,切忌随意掏取,采后马上把料填好,以免空气进入导致腐败。最好的办法是在调制过程中,将拌匀的具有代表性的原料装入若干只尼龙网袋或小布袋中,按原先设计的取样部位,在装填原料时将样品袋放置于青贮原料中。取样时,只需将样品袋刨出即可(图 6-1)。

图 6-1　查看青贮玉米质量　(彭长江摄)

1. 色泽　优质的青贮玉米饲料非常接近于作物原先的颜色,若青贮前作物为绿色,青贮后仍为绿色或黄绿色为最佳。优良的青贮饲料呈黄绿色或青绿色(图 6-2);中等青贮饲料呈黄褐色或暗棕色;品质差的青贮饲料为暗色、褐色、黑色或黑绿色(图 6-3)。

2. 气味　品质优良的青贮玉米饲料通常具有轻微的酸味和水果香味,这是由于存在乳酸所致。若有陈腐的脂肪臭味或令人作呕的气味,说明产生了丁酸。霉味则说明压得不实,空气进入引起霉变。出现类似猪粪尿的气味,则说明蛋白质已大量分解。

3. 质地与结构　优良的青贮饲料质地紧密,湿润。植物

图 6 - 2   优质的青贮玉米

图 6 - 3   品质不好的青贮玉米

的茎叶和籽粒应当能清晰辨认,保持原来形状。结构破坏及质地松散,并呈粘滑状态是青贮饲料严重腐败的标志。

4. 味道 优良的青贮饲料,味微甘甜,有酸味。有异味者则为品质低劣。

(二)青贮玉米的质量标准 一般的青贮只进行感官测定,如果在科研中进行更为详细精确的评定,需要在实验室进行。实验室评定以化学分析为主,包括测定 pH 值、有机酸(乙酸、丙酸、丁酸、乳酸)的总量和构成比例以判断发酵情况。评估蛋白质破坏程度还需测定游离氨(测定氨态氮与总氮的比值)。实验室评定尽管是很准确的方法,但在生产实践中因条件所限,普通养殖户一般不采用。因此,农业部制定了一个采用百分评分制综合评定青贮玉米秸秆的质量标准(表 6-2)。

表 6-2 青贮玉米秸秆的质量评分表

项目	pH 值	水 分	气 味	色 泽	质 地
总评分	25	20	25	20	10
优等	3.4(25),3.5(23),3.6(21),3.7(21),3.8(18)	70%(20),71%(19),72%(18),73%(17),74%(16),75%(14)	甘酸香味(18~25)	黄亮色(14~20)	松散微软不沾手(8~18)
良好	3.9(17),4.0(14),4.1(10)	76%(13),77%(12),78%(11),79%(10),80%(8)	淡酸味(7~9)	褐黄色(8~13)	中 间(4~7)
一般	4.2(8),4.3(7),4.4(5),4.5(4),4.6(3),4.7(1)	81%(7),82%(6),83%(5),84%(3),85%(1)	刺鼻酒酸味(1~8)	中间(1~7)	略带粘性(1~3)
劣等	4.8(0)	85%以上(0)	腐败味霉烂味(0)	暗褐色(0)	发粘结块(0)

注:括号内的数字为分值

优质青贮饲料应颜色黄、暗绿、褐黄色,柔软多汁,表面无粘液,气味酸香,果酸或酒香味,适口性好。青贮饲料表层变质,如腐败、霉烂、发粘、结块的劣质青贮饲料,应及时取出废弃,以免引起家畜中毒。

二、青贮玉米的取用方法

(一)取料方法　青贮开窖使用,从上到下,切面取用,切不可打洞掏心,以免其表面长期暴露,影响青贮饲料品质。一旦开窖(池)饲喂,应坚持每天连续取用,每天用多少取多少(一般每天至少要取出7～9厘米厚为宜)。取用后及时用塑料薄膜覆盖。如中途停喂,间隔时间又长,则须按原来封窖方法将窖盖好封严,并保证不透气、不漏水。如果是长方形窖应从背风的一头开始,逐渐向另一侧取用,取后要盖好,防止日晒、雨淋和二次发酵。冬季取出的青贮饲料应放在牛舍内,防止冻冰;夏季应边喂边取,防止发生霉烂变质(图6-4)。

图 6-4　青贮饲料的取用方法

(二)防止二次发酵 二次发酵又叫好气性腐败,是指已发酵完成的青贮玉米饲料,在温暖季节开启后,空气随之进入,好气性微生物大量繁殖,出现好气性腐败。青贮饲料中的养分遭受损失,并产出大量的热。

二次发酵与调制工艺有一定关系。青贮玉米在收割、加工时如忽视质量,特别是雨天将泥土、污水带入窖内,秸秆长短不匀,装填时没有压紧;或密封不严,封顶漏水等原因,均会引起好气性微生物繁殖而使青贮饲料腐败变质。引起二次发酵的微生物主要为酵母菌及霉菌。腐败过程中温度的变化往往有 2 个高峰,最初 1～2 天出现的高峰是由于酵母菌发酵后引起,到 4～5 天时第二个高峰则是霉菌增殖的结果。但也有启窖后温度持续上升直至败坏的现象。酵母菌能在 pH 值相当低的环境下增殖,即使青贮饲料中有足够的乳酸,也不可能防止二次发酵的出现。当青贮饲料发生二次发酵后,青贮饲料的干物质消耗加剧,pH 值和温度上升。干物质损失达 20%～30%,饲料出现霉块及粘滑现象,几乎所有营养成分都明显降低。

防止二次发酵的方法是每次取用后,必须将塑料薄膜封盖好。若遇开启表面发热,应将发热部分装入塑料袋中并尽快使用。同时,用丙酸按每平方米 0.5～1 升的剂量喷洒表面。

(三)饲喂方法 开始饲喂时,家畜往往不习惯采食,要经过短期训饲。训饲的方法是:可在空腹时先饲喂青贮饲料;最初青贮饲料少喂,约为正常喂量的 10%,逐渐增多,再喂其他草料;或将青贮料与精料混合后饲喂,再喂其他饲料;或将青贮饲料与其他草料拌和均匀同时饲喂,短则 1～3 天,长则 1～2 周,逐步增加到正常喂量(图 6-5)。

图 6-5　青贮料要由少到多逐步增加

　　(四)喂量　青贮玉米已成为现代化奶牛场主要的粗饲料。青贮饲料的用量,应视牛的品种、年龄、用途和青贮饲料的质量而定,泌乳母牛按每 50 千克体重每天喂 2.5～3 千克,羊每天每只喂 1.5～2.5 千克。除高产奶牛外,一般可将其作为惟一粗饲料使用,但应注意不要喂量过大以免造成腹泻。开始饲喂时,要由少到多,逐渐增加;停止饲喂则反之。通常每天喂量,奶牛 20～30 千克,役牛 10～15 千克,种公牛、肉用牛 5～12 千克;3～6 月龄牛 5～10 千克,6～12 月龄牛 10～15 千克,12～18 月龄生长母牛为 20～25 千克,另给干草和精料来平衡养分。据报道,部分地区的幼畜、怀孕后期母畜对青贮玉米有一定的不适应症,可以酌情少喂或停喂。

　　青贮玉米以其生长期短,产量高,易制作,适应范围广,受到广大养殖者的普遍重视,特别是近几年奶牛养殖数量的增长,青贮玉米越来越受到青睐。目前,我国的奶牛养殖户有的使用了青贮玉米,每年饲用青贮玉米的时间在 200 天以上,有的全年饲喂,青贮玉米在日粮组成中的含量占 60％以上,已成为奶牛养殖的当家饲料。在世界范围内,奶牛养殖最多的地方恰好也是玉米种植面积最大的地方,50％的玉米是做青贮饲料使用的。随着种植技术和加工技术的发展,青贮玉米的种植和应用会越来越受到重视(图 6-6)。

图 6-6　青贮玉米已成为现代奶业生产中的主要粗饲料

金盾版图书，科学实用，
通俗易懂，物美价廉，欢迎选购

优良牧草及栽培技术	7.50元	常用饲料原料及质量简	
菊苣鲁梅克斯籽粒苋栽		易鉴别	13.00元
培技术	5.50元	秸秆饲料加工与应用技	
北方干旱地区牧草栽培		术	5.00元
与利用	8.50元	草产品加工技术	10.50元
牧草种子生产技术	7.00元	饲料添加剂的配制及应用	10.00元
牧草良种引种指导	13.50元	饲料作物良种引种指导	4.50元
退耕还草技术指南	9.00元	饲料作物栽培与利用	8.00元
草坪绿地实用技术指南	24.00元	菌糠饲料生产及使用技	
草坪病虫害识别与防治	7.50元	术	5.00元
草坪病虫害诊断与防治		配合饲料质量控制与鉴	
原色图谱	17.00元	别	11.50元
实用高效种草养畜技术	7.00元	中草药饲料添加剂的配	
饲料作物高产栽培	4.50元	制与应用	14.00元
饲料青贮技术	3.00元	畜禽营养与标准化饲养	55.00元
青贮饲料的调制与利用	4.00元	家畜人工授精技术	5.00元
农作物秸秆饲料加工与		畜禽养殖场消毒指南	8.50元
应用(修订版)	14.00元	现代中国养猪	98.00元
中小型饲料厂生产加工		科学养猪指南(修订版)	23.00元
配套技术	5.50元	简明科学养猪手册	9.00元

以上图书由全国各地新华书店经销。凡向本社邮购图书或音像制品，可通过邮局汇款，在汇单"附言"栏填写所购书目，邮购图书均可享受9折优惠。购书30元(按打折后实款计算)以上的免收邮挂费，购书不足30元的按邮局资费标准收取3元挂号费，邮寄费由我社承担。邮购地址：北京市丰台区晓月中路29号，邮政编码：100072，联系人：金友，电话：(010)83210681、83210682、83219215、83219217(传真)。